ヤマケイ文庫

「槍・穂高」名峰誕生のミステリー

地質探偵ハラヤマ出動

Harayama Satoru
原山 智

Yamamoto Akira
山本 明

Y L
Yamakei Library

「槍・穂高」名峰誕生のミステリー　目次

はじめに

山がそこにあるから登る――。山登りを愛する人の世界では、あまりに有名な英国人登山家ジョージ・マロリーの言葉だ。では、なぜ山はそこにあるのか。なぜ崇高にそびえ立っているのか。考えてみれば不思議である。

この本は、日本初の「山岳地質ミステリー」だ。最新の地質学の成果にもとづいて、「北アルプス地質探偵団」が槍・穂高連峰を中心に、劒岳、白馬岳、薬師岳、鹿島槍ヶ岳といった北アルプスのスターの「出生の秘密」を次々に明らかにしていく。

どうやって誕生したかがわかれば、山への愛着も増すだろう。感嘆の対象だった美しい景観の背後に、意外な造山ドラマが隠されていた。

そんな秘話の一端をここに紹介し、地質探偵団からのご挨拶とさせていただく。

●日本を代表する名山は、深さ三〇〇〇メートルの巨大陥没カルデラが造った。

●名峰槍ヶ岳は東に大きく傾いている？

●北アルプス北部に、本来なら崩壊しているはずの「大地の牙」がそびえる。
●薬師岳と笠ヶ岳は「国産」の山ではない⁉
●上高地の清流梓川は、以前は松本盆地に流れていなかった。
●北アルプスに恐竜の化石が眠っている。
●天空の庭園、雲ノ平を造った黒部川に起きた天変地異とは——。
●近くに火山もないのに湧く北アルプス名湯の謎。
●奥又白池やひょうたん池は、理由があってそこに存在する。

実は北アルプスは地質ミステリーの迷宮だった。南アルプスや中央アルプスに比べ、火山活動の影響が際立つ。それが北アルプスの造山活動を複雑化させた。

かつて高熱の火砕流を大量に吐き出し、広範囲な地域を焼き尽くした魔の山が、名峰の誉れ高い槍・穂高だといえば誰もが驚くはずだ。以前は火山とは無関係だと考えられていた山々も、最新の研究によって火山活動の強い関与が判明し、そこには後立山連峰の著名な山の名前が連なる。

北アルプスの地質学は、ここ三十年ほどで劇的に進歩した。その中心を担ったのが本書の主役、地質探偵ハラヤマこと原山智信州大学教授である。研究のために必要とあれば岩壁を攀じ、急峻な滝が連続する渓谷にも踏みこんでいく。調査日数は現在二一〇〇日余で、谷底から山頂に至るまで、ほぼ北アルプスの全域を踏破した。

近づきがたい地形に加え、北アルプス独特の複雑な造山メカニズム。それがこの地域の研究を遅らせる理由だった。だが、そんな北アルプス形成の仕組みも、彼によって快刀乱麻に解読されていった。まさに北アルプス研究の第一人者であり、ここまで行動力ある地質学者は彼をおいて外にない。科学的手法を駆使して導かれた発見の数々は、他の学者の論文に引用され、海外からも高い評価を受ける。

地質探偵ハラヤマを案内役に、秘められた多くの謎に踏みこんでいきたいと思う。従来の常識を覆す、驚きの地質学の最前線がこの本で語られる。彼に導かれ、読者も北アルプスの地質迷宮へ——。地形を形づくる秘密がわかれば、山登りもより楽しくなるはずだ。そして探偵物にはお約束のワトソン役は、原山教授の長年の友人である私こと山本明が務めさせていただく。

北アルプス地質ミステリー劇場にようこそ。

北アルプス地質探偵団

―第一部―

「天空にそびえる巨大カルデラ伝説」を追う

厚さ1500メートルも堆積した謎の火山岩

1998年8月7日――。突然、不気味な地鳴りとともに穂高の山稜は突き動かされた。揺れはすぐに収まったが、あちこちで始まった落石の音は鳴りやまない。その後も地震は9月まで断続して発生した。

穂高岳の直下で起きたこの群発地震は、山体に大きな爪痕を残した。北穂高岳の北峰山頂にあった、ピナクルの名前で親しまれた岩が崩れ去り、涸沢岳周辺の縦走路も決壊して通行不能となった。さらに岩登りのゲレンデとして有名な、北穂高の滝谷や前穂高東壁の岩場では、岩体の一部が大崩壊し、いくつもの名登攀ルートが消失してしまった。

今では地震などなかったかのように穂高の峰々は静まりかえる。群発地震はなぜ起きたのか。穂高岳の直下型だった理由とは。

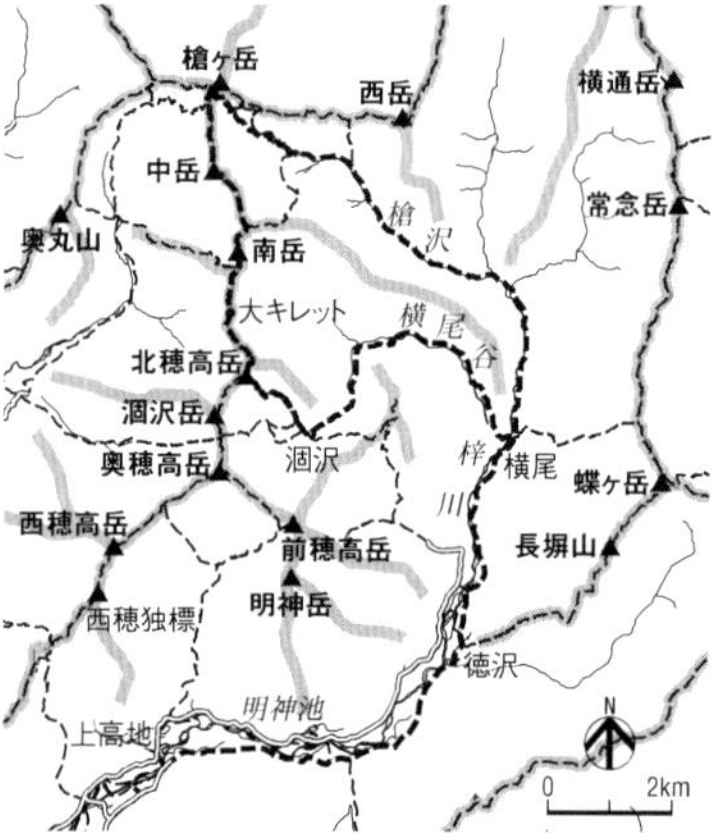

[STAGE 1]
- 1日目／上高地→横尾(泊)
- 2日目／横尾→涸沢→北穂高山頂(泊)
- 3日目／北穂高山頂(泊)

[STAGE 2]
- 4日目／北穂高山頂→大キレット→南岳→槍ヶ岳(泊)
- 5日目／槍ヶ岳→上高地

地質探偵、「穂高超火山説」をぶち上げる

静かに古いジャズが流れるバーのカウンターで、上高地の写真集を開く。とりわけ好きな写真が、大正池から仰ぎ見る穂高連峰の偉容だ。岩壁しか関心のなかった若いころは泰西名画のようでパスだったが、年齢を重ねると味わいが増した。

ここからの穂高は、池畔にケショウヤナギの新緑がかすむ初夏がもっとも美しい。残雪と岩肌の鮮やかなコントラストが水面に映え、山稜ははるか高みに駆け上がる。

中央にそびえるのが日本三位の標高を誇る盟主の奥穂高岳、右手に続くのが前穂高岳だ。両者をつなぐ吊尾根は、しばしば日本神話に登場する天の浮き橋に見立てられるが、優美なその尾根に浮かぶ雲の移ろいを眺めているだけでも、一日が瞬く間に過ぎ去ってしまう。険しさのなかに心を包みこむようなやさしさがあり、穂高の悠久をもっとも感じさせる景観だろう。

しかし日々の生活に追われ、上高地にも穂高にも最近はすっかりご無沙汰だ。写真集を閉じた私は、思わず溜め息をついた。穂高の悠久に比べて、人生はせいぜい

一〇〇年にすぎない。雑事に追われるだけで、人間はしょせん地を這う虫だ。なんと儚《はかな》いものか。それゆえに永遠なる穂高への憧憬は高まる。

脳裏には、穂高で出合ったさまざまな光景がフラッシュバックしてくる。北穂高から大キレット越しに見た、そこだけ雲海から突き出た槍ヶ岳の尖塔に、黄金の残照がきらめく瞬間。深い霧の中からこつ然と現われた、天に向かって咆哮する滝谷の鋼鉄の岩壁。涸沢カールで目撃した、朝焼けで鮮血色に染まった穂高連峰の大パノラマ。奥又白池に広がる、涼風が起こした波紋。穂高岳に登ったことがある人なら、誰もが自分なりのシーンを宝物として胸の奥に秘

大正池から見た穂高連峰。左から西穂、奥穂、前穂高岳

めているはずだ。

と、そこに――。

「オッサン、オッサン、またひとりで穂高讃歌やっとるな」

隣でチューハイを鯨飲《げいいん》していた男が、私の甘美な夢想をぶち壊した。

「穂高の永遠に比べれば、ア～ッ人間の儚さよ、てなことを日ごろのたまうが、地質学的にいえば今の穂高はひとときの仮の姿にすぎない。穂高だって、うたかたなんだぞ。山だって鴨長明しちゃっているわけよ」

テキは鴨長明ときたか。たしかに、いかに穂高とはいえ、残念ながら永遠に今の姿を保てるわけではないだろう。だが「うたかた」とまでいうか。我が心の穂高岳をコケにされたようでシャクである。それに穂高という言葉の響きに、胸を揺さぶられるファンは私だけではない。

自分の子どもに穂高にちなんだ名前をつける。そんな登山家は少なくない。梓川からとって「梓ちゃん」はその典型だ。ずばり穂高をちょうだいした、しゃべりだしたら止まらない有名クライマー（中根穂高という）もいる。「地質屋ってロマンがないな」と、穂高ファンを代表して（……のつもり）皮肉を込めて返してやった。

今度は男がムッとする番だった。メガネの奥の細い目をキッとさせると、
「キミの語る山は単なるセンチメンタリズムだ。穂高岳の壮大な誕生の物語を教えてあげよう。それこそがドラマであり、ロマンそのものなのだから。それに、ボクだって穂高を愛している人間のひとりとして、人後に落ちない自負はある」

男は地質学者でハラヤマ（本名＝原山智。嫁がいない場所では独身を主張）という。信州大学で大学教授の職にあり、私とは高校時代からだから、もうずいぶん長いつきあいになる。一緒にあちこちの山を登り、一緒に酒を飲んできた。いわゆる気のおけない関係である。

大学教授というと、とっつきにくい印象をもつかもしれないが、性格は気さくで少しも偉ぶったところがないのは感心する。で、日ごろ岩石を相手にするから堅物かというとそうでもない。

とはいえ出会ったころに比べ、相当に腹が出てきた（ハラヤマの嫁が本人に応えるよう、必ずこの一文を入れろと注文）。それについては、出された食べ物はいっさい残してはいけないと、親から厳しく教育されたからだと強弁する。でもツマミをこんなに注文しているのはお前だろう。なんだか話が横道にそれてしまった。

ヤツは長年フィールドワークとして北アルプスの地質に取り組み、いくつかの新発見をしたそうだ。地質の業界ではそれなりの有名人らしい。御嶽山大崩壊ほか災害の折には、テレビでコメントしている姿を見たこともある。

そんな彼に私がつけたあだ名が「地質探偵」だった。彼の調査山行に同行したこともあるが、歩いていると突然岩を指し、「これだ、これ。証拠を見つけたぞ」と叫ぶ姿は、事件を解決する探偵を彷彿させたからだ。

犯罪捜査は足で稼げといわれるが、ヤツの調査手法もまったく同様のようだ。縦走路もない急峻な山岳地域をひたすら歩きまわる。ただし「証拠物件」が岩石ゆえに、背負うザックはかなりの重量になる。ハードボイルドというよりハードワークそのもので、因果な稼業にも思える。

さて穂高岳の壮大な誕生物語とはいかに、である。チューハイをグビグビッと飲み干すと即座にお代わりを注文し、地質探偵ハラヤマは切り出した。

「穂高が火山だったたって知っているよね」

天下の穂高が火山？　それって本当なのか。火山といえば富士山、浅間山、上高地にある焼岳あたりが浮かぶ。しかし、穂高とそれらの山とは、似ても似つかない姿カタチである。

　とても火山には見えないぜ。第一、火山の象徴である肝心の火口がないじゃないか。もしかして涸沢が火口なの？　山がグルッと取り巻いていて、いかにも火山の火口っぽいじゃないか——とハラヤマにいったが、穂高が火山とは初耳だ。

　探偵ハラヤマはテーブルに視線を落とし、静かに首を左右に振る。いかにも、こりゃダメだのポーズである。何から話したらいいか思案した後、口を開いた。

「何度もボクの調査に同行してくれたから、それなりにわかっていると思っていたのに……。念のためにいっておくけど、涸沢は二万年前の氷河時代[*1]（以下＊印は注参照）に堆積した膨大な量の雪が氷河となり、それが穂高の山体を削って造った地形だよ。あくまでカール地形で、火口なんかじゃない」

　そして眉間にしわ根をよせて続けた。

「ちなみに、穂高火山の噴火規模は富士山[*2]の比ではなかった。上空に舞い上がった火山灰は地球を覆い、地上にしばしの寒冷期さえもたらしたほどなのだから。まさに世界ランク級の超火山だった」

　穂高は火山、それもモンスター級の超火山——。そういわれれば、どこかの山の本で「穂高の上部にある岩石は火山岩の一種のヒン岩」という話を読んだ記憶もある。でも穂高を含めた北アルプスは、ヨーロッパアルプスやヒマラヤ山脈のように、大地が押されて隆起したものじゃなかったっけ？　だから名称にアルプスがつく。

　それに対し、地質探偵ハラヤマはこんな反論をした。

「岩盤の割れ目に地下からマグマが浸入し、それが地中の浅い場所で冷えて固まった岩石をヒン岩という。そんなヒン岩が圧力で隆起したのが穂高岳。かつてはそう説明されてきた。でもボクが調べたら、穂高ので

＊1　氷河時代

学術的には氷期と称される。地球にしばしば訪れた寒冷期のことで、高緯度地方や山岳地域には氷河が発達した。とくに人類が主役となった第四紀（259万年前以降、現在まで）の時期には、繰り返し氷期が訪れている。氷期とその間の温暖期（間氷期）の繰り返しは、海水面の上下や植生分布に大きな変化をもたらし、生態系に甚大な影響を与えた。おそらく、人類の進化にとっても大きな役割を果たしているだろう。原因としては、地球軌道の周期的変化や、自転軸の変化などによる地球の高緯度地方に入ってくる太陽エネルギーの増減が考えられているが（ミランコビッチサイクル）、まだ完全に解明されたわけではない。数千年先には、次の氷期にはいると予測する学者もいる。

＊2　富士山の火山活動

おおかたの日本人にとって、火山のイメージの原型には富士山がある。あの端正な円錐形の体積は約1500立方キロ、日本でも最大級の巨大火山である。ただし、巨大な火山体は、４つの異なる時期に活動した先小御岳（70から40万年前？）、小御岳山（約50万年前）、古富士火山（12〜13万年前）、新富士火山（１万1000年前以降）によって構成されており、現在の山体を造った古富士、新富士は玄武岩質の噴出物からできている。同一箇所に噴出物が重なったために巨大火山となったが、噴火そのものの規模（単位時間あたりの噴出率）は決して大きくない。ちなみに火山のことを英語ではボルケイノというが（映画の題名にあったよネ）、英語の語源は神話上の火の神様（鍛冶屋）であって、山の意味はない。学術上も、火山活動によってできたさまざまな地形を火山と呼び、地形的高まり（山）を造っている必要はないとしている。

き方は全然ちがったのだ。実際の形成の仕方は、想像を超えるダイナミックかつドラマチックなものだった」

つまり私の横にいるハラヤマが従来学説を覆し、火山による造山物語を読み解いたというのである。「世界ランク級」という言葉に俄然、興味が湧いてきた。そこまでいうのなら拝聴してやってもいいよ。

しかし、これだけ長いつきあいなのに、なぜもっと前に話してくれなかったのか。ほろ酔いに任せてからんでやった。

「あのなッ、ボクを浮世離れした石オタク扱いしやがって、ちっとも研究内容を聞いてくれなかったじゃないか。キミに同行してもらった槍ヶ岳の北鎌尾根や穂高岳の滝谷下部からの遡行、前穂高東面や明神岳の調査、さらに屏風岩登攀などは、研究のなかで重要なキーになるエリアだったんだ。新発見の喜びを分かち合いたいと思っても、キミは耳を貸さず、能天気に『山はいいね、ヤッホー♪』一辺倒だった。収穫したサンプルの石も、ギックリ腰がどうした、こうした、生まれつき体が弱いなどと言い訳して、あまり背負ってくれなかったし……ブツブツ」

たしかに、その傾向はなきにしもあらず。ヤツは石が好きで、石を集めて何かやっている以上のことは知らなかった。友人として反省すべき点は多々ある。そうだ、やつが探偵なら探偵団員がいてもおかしくないだろう。穂高岳が超ド級の巨大火山だったなんて、なんかおもしろそうだ。そんなこんなで、私はこの日から地質探偵に弟子入りし、押しかけ団員になったのであった。

群発地震を起こした意外な犯人とは

さっきまでかかっていたバッハも終わり、先を急ぐ登山者はとっくに小屋を出ていった。北穂高の北峰直下にあるここ北穂高小屋は、朝食の際にクラシック音楽を流すことで有名だ。三〇〇〇メートルの高地に響きわたる荘厳な音楽に、さすがに心も清められた。ただ久しぶりの本格的な山歩きで、少々足腰が痛いのが気になる。

昨日は夜半から嵐となったが、雨を降らせた前線はとっくに通過し、今朝は雲ひとつない快晴がどこまでも広がる。折り紙つきの、表彰したくなるような夏山日和だ。山がにっこりと笑いかけてくれている。我が穂高もご無沙汰を許してくれているようだ。のんびりと食事を終えた地質探偵ハラヤマと私は、コーヒーカップを手に、小屋から一投足の距離にある北穂高の山頂に向かった。

今回の山行は、地質探偵の発見を現場で検証するためのものである。穂高が超巨大火山だったと先日聞かされたが、いかにこの地域を長年調査してきた探偵の話でも、ハイそうですかとすんなり納得はできない。

というより「カル寺」(?)だの「酔うケツなんとか」(?)だのと、わけがわからん地質単語がヤツの口からあふれ出るばかりで、酒でできあがった私の頭は受け入れをすぐに拒否してしまったのだ。それに穂高火山説には心のなかで釈然としないものがあった。どう考えたって穂高は火山には見えない。さらに自分のなかの穂高像が

前穂高岳北尾根。氷河による浸食でできた鋸歯状山稜の典型だ

揺らぐようで認めたくもなかったのである。

じゃ穂高を実際に歩きながら説明するよ、ということになり、酔った勢いでOKを出し、急きょ登ることになった。一昨日は横尾の山小屋に泊まり、昨日一日かけ、涸沢を経て北穂高小屋までやってきた。

考えてみると何年ぶりかの北穂高岳山頂だった。前穂高岳の北尾根が降り注ぐ陽光を照り返して目を射抜く。北に視線を転じれば目映《まばゆ》さのなかに槍ヶ岳や薬師岳がそびえ、はるか彼方に剱岳や立山、後立山の峰も連なる。西方には笠ヶ岳が稜線を左右に広げ、さながら北アルプスのスター揃い踏みだ。しばし至福感に身を浸す。

「遠くばっかり見とれてないで、山頂にある石をちゃんと見てよ」

そういいながら、探偵は石片を拾って私に手渡した。

手の平に載る石は穂高じゃ珍しくもない代物だ。こんな石は涸沢にもごろごろ転がっている。テントで寝ていて、コイツが背中に当たると痛いったらない。この石がどうしたのだ。ここまで来なくても、涸沢にいっぱいあったぜ。

ハラヤマは反論されるのがわかっていたように語る。

「涸沢だけでなく、上高地に面した岳沢全体、前穂高岳の東壁から目の前に延びる北尾根、さらにこの山頂直下の滝谷の岩場帯もそう。穂高の多くの部分は、この石で構成されている」

全体的に石は灰色っぽいが、やや緑色を帯びている。緑灰色っていうのだろうか。白や黒の粒子が、その緑灰色の素地に多数散らばっているのが特徴かもしれない。探偵はルーペを差し出してのぞけとうながした。

ルーペで拡大すると、緑灰色のベースのなかには数ミリ以下の細かな粒子が多数含まれているのがはっきり見えた。なかでも一番目立つ白色の粒子はシャチョウセキ＝斜長石の結晶だという。シャチョウセキは社長石って書くのかな、てな私の高度なギャグを探偵はあっさり無視して話し出した。

「斑点状の斜長石の粒子が含まれているのは、この石が火山性の要因でできた、つまりマグマからできた火成岩だということの証だ。斜長石はマグマが地下で溶融《ようゆう》状態のときに結晶化した。地表へのマグマの噴出により急冷状態を経験したために、まだ結晶化していなかったマグマの部分は成長できず、より微細な火山岩の斑状組織になった。それが緑灰色のベースってわけである。そして、この岩が山体のほとんどを造っているということで、穂高が火山関連の山だということがわかってもらえたと思う」

火山が穂高になんらかのカタチで関与していたのは事実のようだ。でもすとんと腑に落ちない。そんな不審顔の私を見て、ひと息つくと探偵は続けた。

「ところでこの石はかつてヒン岩[*5]と呼ばれ、今でもガイドブックによってはそう書くものもある。でも地質学の世界では、相当前から別の名称に変更になった。なぜならヒン岩じゃなかったからさ。つまりね――」

ちょっと待ってくれ、と私は早口でまくし立てるハラヤマの話をいったん止めた。この石がヒン岩じゃなかったという解説の前にさ、頭を少し整理させてくれないか。エ〜ト、穂高はまちがいなく火山でできた山だってこ

＊3　斜長石

マグマからできた岩石を造るもっとも主要な鉱物。自然界には4000種を超える鉱物があることが知られているが、火成岩中に含まれるおもな鉱物は無色の石英(水晶)と長石(斜長石・カリ長石)、有色の雲母、角閃石、輝石、かんらん石の六種類である。いずれも珪酸(シリコンに酸素が化合した物質)と各種元素が結合した化合物だ。

＊4　火山岩の斑状組織

一般的な火山岩は、肉眼で見えるような鉱物(斑晶)と、肉眼では鉱物粒子が見えない微細な素地(石基)からできていることが多い。こうした岩石の組織を斑状組織という。石基中に含まれる斑点状の斑晶が、まだら(斑)模様を示すからだ。石基の部分はミクロンオーダーの微細結晶やガラスからできていて、噴火で高温マグマが地表にもたらされ、溶融部分が急冷したときにできた。斑晶のほうは、マグマが地下にあったときにすでに結晶化していた鉱物で、溶融体のなかで他の固形物に邪魔されることなく自由に結晶成長したために、その結晶固有の形態(水晶などのように平面状の結晶面で囲まれた多面体)を示すことが多い。

と？　マグマをドロドロ流したり、火柱をドッカーン
とぶち上げて噴火を起こしたりした？
　そういったタイプの火山じゃないといって、探偵は
口をつぐんだ。どうやら説明の仕方を考えているよう
だ。沈黙の後、彼はこう口を開いた。
「山体のかなりの部分が火山性の岩石で構成されてい
ることに加え、もうひとつ別の観点からの証拠を挙げ
ておこう。キミは一九九八年夏に穂高で発生した群発
地震を覚えているよね。ここ北穂高岳北峰にあったピナクルを滝谷側に落下させ、
眼下の滝谷でもいくつかの岩稜が崩れて、岩登りのルートだった第二尾根P2フラ
ンケ周辺やグレポン尾根なんかを崩壊に追いこんでしまった」
　若き日にハラヤマと滝谷第一尾根を登り、登攀できたうれしさから、今はなきあ
のピナクルに抱き着いた記憶がある。消失したグレポン尾根も陰鬱な印象が格好よ
く、一度は登りたい岩壁だった。地質探偵の説明は続く。
「ところがあの群発地震は、槍・穂高以外の山にほとんど被害を与えていないのだ。

＊5　ヒン岩

斑状組織を示す閃緑岩、もしくは安山岩組成の半深成岩のこと。多くは地下の浅い場所において、マグマから冷却固結して形成される。ただし最近の岩石分類では半深成岩なる区分を嫌う傾向にあり、ヒン岩の名称もほとんど使われない。地下浅所で固結した斑状組織が顕著な岩石については、化学組成上対応する深成岩の名称を頭に使って閃緑斑岩（化学組成のうえでは閃緑岩に対応する斑状の岩石）、花崗斑岩（同じく花崗岩に対応）のように区分することが一般的になりつつある。

穂高の直下で起きた震源のごくごく浅い地震だったからさ。そのため上下に大きく揺れた槍ヶ岳や穂高岳に比べ、周辺の山はさほど影響を受けなかった。この地震は震源直下にマグマが存在するためと推定されている。山体の下方に今でもマグマがあるってわけで、どう？　理解してもらえたかな、穂高が火山だったってことを」

再び、ちょっと待ってくれ、である。じゃ、あの群発地震は火山活動の一環ってこと？　穂高は火山としてまだ死んでないってことなのか。北アルプスの近くにある御嶽山が二万年の眠りを突然破って一九七九年に水蒸気爆発を起こしたが、この穂高でも何の前触れもなく活動を再開するってこと？　それってヤバイじゃん。

「誤解を与えかねないいい方だったかもしれない。正確に話そう。穂高を造ったマグマは地下七キロ以深でまだ五〇〇度C以上あり、さらに深部では冷えきらずに溶けた状態で残っている。そんなマグマから噴出したガスが地震の正体だった。ないしはマグマのもっと地下深くにある、供給源のマグマ溜まりからのガスだったかも。いずれにせよ、噴き出たガスが地中を上昇する過程で山体のバランスを崩し、それによって穂高が揺れたのだ。いわばマグマのゲップってやつかな」

マグマの存在は、以前に地震研究者たちが人工地震波を送る調査を実施し、返ってくる反応データを精査して確認したからまちがいないという。

「でも安心してよ。今後この手の地震をごくまれに起こすことはあっても、マグマそのものが昇ってきて、暴れるようなことはないはずだ。火山の寿命は二十万年からせいぜい五十万年ほど。本格的な火山活動自体はとっくに終焉している」

マグマがまだ完全に固結しないで、地下浅いところに存在する。穂高ってやっぱり探偵が主張するように火山だったのかな。でもまだピンとこないな。

それはそうとして、あの群発地震が単なるマグマのゲップだったとはね。自然のエネルギーって底知れないな。ちなみに地下に眠るマグマや熱源岩体を観察し、地熱資源として発電や温泉探索に活かすのも、地質学の役割だと探偵は話す。

「ところでヒン岩の話にもどりたいんだけど、いいかな。ここからがクライマックスだからさ。実はこの石がヒン岩じゃないって見破ったのはボクなのだ」

火山の寿命のところで探偵がいった、二十万年だの五十万年だのの数字も気になるが、やつの勢いに気押され、まずはご高説をじっくりと拝聴させていただこう。

岩石に点在する不思議な模様

探偵は北穂山頂に転がっている大き目の石を持ち上げ、表面に浮かぶ斑点状の模様をボールペンの先で示した。その模様はまるで焼きイモのような形状をしている。上下とも凸曲線を描くからレンズ状だと探偵はいった。

悔しいが、たしかに焼きイモよりレンズ状のほうが学術っぽい。注意して観察しないと、単なる岩のシミとして見過ごしてしまいそうだ。

足元にある石をチェックすると、そんな模様が浮き上がっている岩片はそこら中にあった。長径数ミリの小さなものから、長軸方向二〇センチくらいまで。焼きイモならぬレンズ状模様のサイズはさまざまだった。

「このレンズ状の模様の部分にも、まわりと同じ斜長石の白色粒子が認められる」

いわれてみれば、そうみたい。私がうなずくと、急に勝ち誇ったように探偵ハラヤマはいった。

「これがヒン岩ではない証拠なのだ」

急に鼻の穴が広がった探偵の解説は長くなるので、要約するとこうなる。

レンズ状のこの模様は、地質学の世界では「本質レンズ」と呼ばれ。偏平化した軽石なのだそうだ。丸い軽石片が、ドラ焼きのように押しつぶされたと考えればいいという。そんなつぶれた断面を模様として見ていたのである。

本来ヒン岩という岩石は、マグマが地下の浅いところで固まったものだから、きわめて均質な外観を示し、こんな軽石片などは含まないとのこと。さらに石をくわしく観察すると、やはりヒン岩には含まれないはずの、小さな岩石破片（数センチ径）を内部に抱える石もあると探偵は強調した。

*6

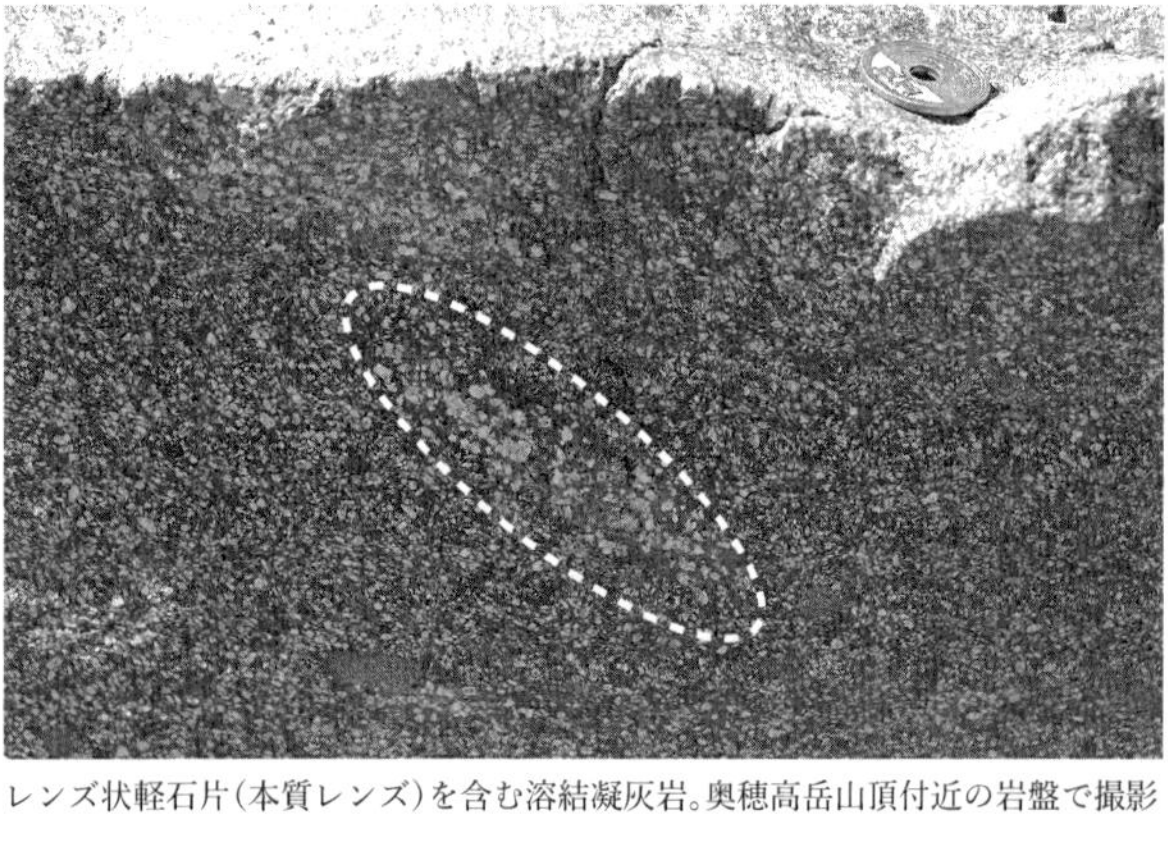

レンズ状軽石片（本質レンズ）を含む溶結凝灰岩。奥穂高岳山頂付近の岩盤で撮影

だからヒン岩ではないというわけだが、そのハラヤマの見方に対し、レンズ状物体である「本質レンズ」や岩石破片は、マグマが地表に上がってくる途中で、別の岩石を一部取りこんだ結果だろうとの反論も一部にはあったという。

でも科学的に調べた結果、本質レンズはレンズ部以外と同じ鉱物や化学組成を示していた。さらに本質レンズや岩石破片を含むのは、一部の地域ではなく、この岩がある穂高のどのエリアにも共通する特徴だった。「すべての岩に本質レンズや岩石破片が混入している以上、他の岩体の紛れ込みはありえない。以上から、マグマが固結したヒン岩ではないと発表でき、地質の世界で定

本質レンズのできるまで

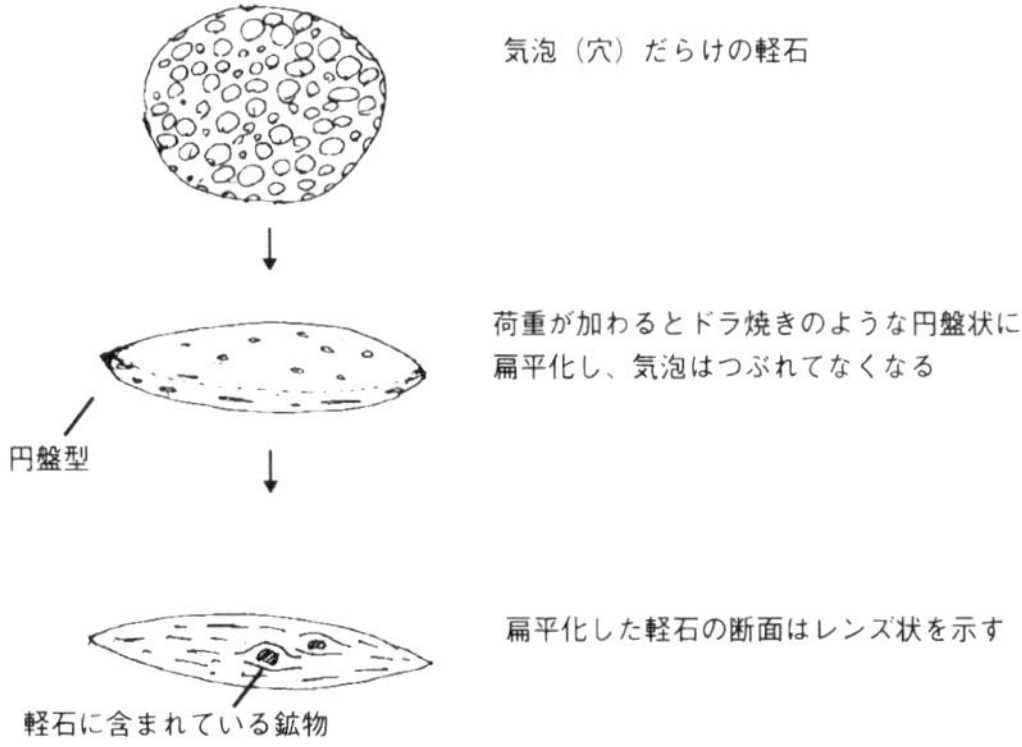

説として認められたのだ」

　探偵の話を聞き、穂高では腐るほどあるこの岩がヒン岩でないことは理解できた。だが地質の知識がないシロートには、それがどれほど重要なのかがわからない。

「問題はこの石のでき方にあるんだよ」

　ハラヤマはヒントを出すようにそういった。そんなことは答えられるわけもないが、わかったことだけを自分なりに整理してみよう。

　つまりヒン岩だったなら、マグマが地下の浅いところで単純に冷えて固まってでき、それが隆起した後に浸食などで地表に現われた——過去には穂高の成り立ちはそう説明されてきたのである。すべては地下での活動だから、地質探偵ハラヤマのいうような超火山なんてことにはならないだろう。

　でもヒン岩でないのなら、穂高はそれとは別の造られ方をしたことになる。探偵はそれをこの石から語りたいんじゃないか。話がややこしくなってきたぞ。

＊6　軽石

浮石ともいい、水に浮く程度に低密度化した火山放出物のこと。低密度化の原因は、マグマ中の揮発成分（水分や二酸化炭素など）が圧力低下にともなって発泡し、気泡が大半を占めるようになったためである。現象としては、ビールの栓を抜いたときの泡吹きと同じだ。気泡を保持したままマグマが急冷すると、孔（気泡）だらけの軽石が形成される。お風呂で使う軽石は、適度な隙間を保持した軽石の組織が、皮膚表層の角質の除去に最適なために用いられる。ちなみにマグマ内で発泡現象が激しく進行すると、気泡がはじけ（バブル崩壊）、泡の隔壁を成していたマグマも急冷し火山ガラスになる。大規模噴火時に大量に放出される火山灰のほとんどが、この火山ガラスからなる。

どうやら地質探偵ハラヤマの発見、いわゆる原山学説の入口あたりにさしかかってきたようだ。軽石や岩石片をふんだんに含むこの岩石はどうやって造られたのか。探偵はニヤニヤと私の顔を眺めているが、そこはシロートの悲しさだ。いくら頭を捻ってもお手上げである。ここは脱帽して素直に耳を傾けるしかない。

「この石は溶岩が地中で冷えて固まったものじゃなく、火山灰や火山礫が火砕流という高温の状態で空中に噴出し、それが落下して地上に堆積した凝灰岩の一種なんだよ。だから軽石や岩石片といったものが内部に多く含まれる。ただし火山灰が積もってできた普通の凝灰岩にはこんな緻密さはない。

火山灰が温度と自重により溶結する＝溶結凝灰岩のでき方

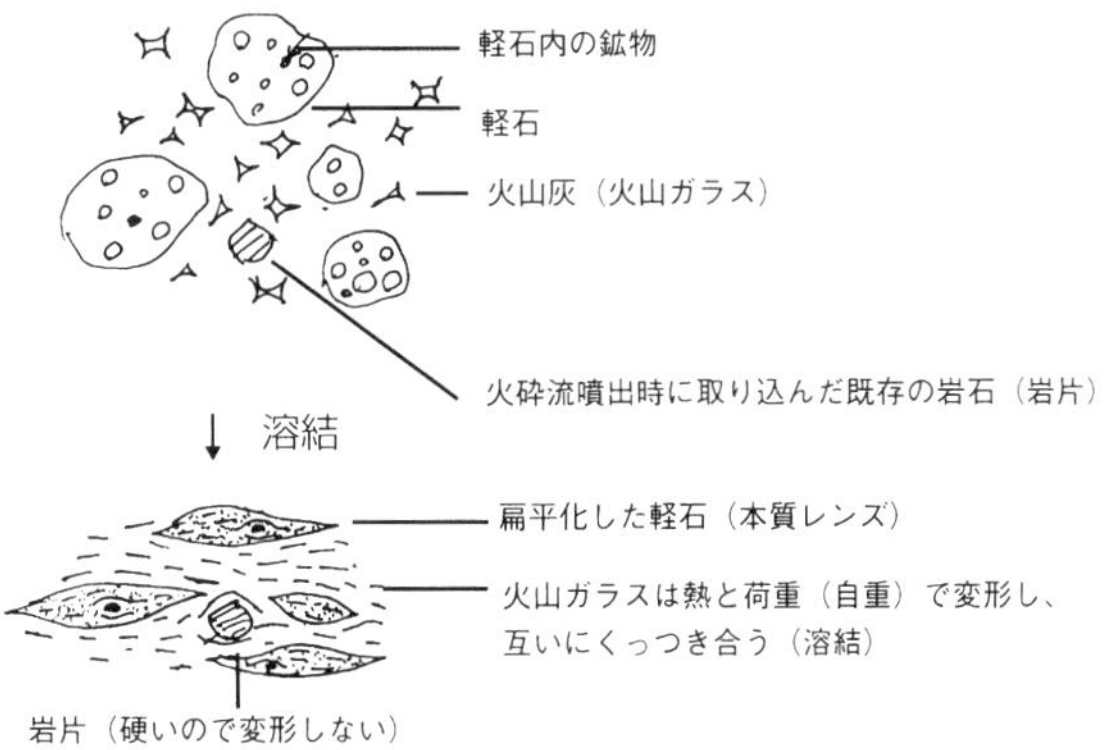

つまり高温状態を保持したまま積もった火山灰（火山ガラス）や軽石が、自分の重さと熱で半分溶け状態になり、ガラス部分がくっつき合って（溶結）、緻密な岩石となった。学術的にはこの石を溶結凝灰岩と呼んでいる」

ようけつぎょうかいがん――!?　熱い火山灰や軽石なんかが地表に積もり、それが半溶け状態となった後に固まった。溶結した凝灰岩だから溶結凝灰岩っていうんだって。わかりやすいような、わかりにくいような。バーで探偵がいっていた「酔うケツなんとか」って、これのことだったのか。溶結凝灰岩は以下、何度も登場してくるので、覚えておいていただきたい。

ちなみに本書では、このようにいきなり岩石名や地質の専門用語が飛び出して、地学に興味のない方には腰が引ける部分もあるかもしれない。できるかぎりご理解いただけるように書くつもりだが、それらの名を一切出さないと、登場人物の名前を記さないままに推理劇を繰り広げるようなもので、話の展開も困難になってしまう。まあ、出てくる名称は物語の役名くらいに思っていただいて、先を読み進めてもらえればと考えるしだいだ。

さて穂高の地質の主役、溶結凝灰岩クンである。

自らの熱と重さで半分溶けた状態になった溶結凝灰岩だが、マグマのときよりも温度が低いので、軽石や石片は全融解しなかった。たしかに、それなら軽石も半溶解した際に圧力で押し潰され、レンズ状の形状になるのもわかるというものだ。そんな流れで本質レンズは生まれたのだった。

しかし、この溶結凝灰岩ってやつが、さっきハラヤマが説明してくれたように、この穂高岳の大部分を占めているんだろう？　ということは、膨大な量の火山灰が堆積したってことにならないか。

探偵はうなずいて、平然とこういってのけた。

「穂高の溶結凝灰岩層をくまなく調べたが、厚さは少なくとも一五〇〇メートルはある」

オエ〜っ、一五〇〇メートルだって⁉　穂高の標高の半分。それもいったん半溶けして固まったヤツが‼　なんか信じられないな。でも、それだけ盛大に穂高は火山灰や軽石を噴出したってことなのだろう。穂高はこの溶結凝灰岩だらけだっていうし。先日バーで探偵から聞かされた、「世界ランク級」の超火山という言葉が実体をもって感じられ出した。ちょっぴり背筋がゾクッとした私である。

私は手にしている石に見入った。現在では地質探偵の研究によって、溶結凝灰岩だと正体が判明した石片だ。石は冷たく押し黙ったままだが、ここには壮絶なドラマが封じ込められていたのである。半溶けしたり固まったりと、さぞや大変だったろう。なにやら石片が貴重品に思えてきた。記念にとポケットに入れようとすると、探偵様からビシッとお叱りが飛んだ。

「ここは中部山岳国立公園の特別保護地域だから、岩石の収集は法律で禁じられている。持ち帰りは絶対にダメ。ボクらだって許可をもらって採集しているんだよ」

草木や高山植物は採集禁止なのは知っていたが、岩石もそうだったのか。ハイハイ、了解しました。決して持って帰りません。

南岳斜面の縞状岩層に隠された謎

とはいえ、火山灰や軽石片が熱で固まって溶結凝灰岩となり、穂高の山体が造られたという説明だけでは今イチ納得できない。一五〇〇メートル以上も堆積したって、尋常じゃないからだ。それはそうだよね。メカニズムが気になる。そんな質問に対して、探偵は足元から切れ落ちた大キレットの対岸にある南岳を指した。

「そろそろ北穂の山頂までやってきた理由を話そう。南岳の斜面をよく見てよ、重要な地形が観察できるから。これが今回の目的のひとつなんだ」

探偵の言葉に従い、南岳に目を転じた。

「ほら、特徴的な縞状の構造がよく見えるだろう」

縞状の構造？　穂高や槍には何回も登っているが、南岳にそんなもの、あったっけ。もっとも南岳なんて、じっくり観賞したことないな。標高は三〇〇〇メートルを超えているが、北穂から見て獅子鼻と呼ばれる岩壁が目立つ程度で、なんの変哲もない風貌の山（好きな人にはごめんなさい）だ。しょせん槍と穂高をつなぐ縦走路にある、通過点のひとつにすぎないってイメージだもの。

で、探偵の指摘を受けて斜面に注目すると……、ある、ある。上部の獅子鼻の岩塔あたりを中心にして、縞状の構造が水平方向に走っていた。岩壁が途切れてザレた稜線の延長にも、その縞状に沿ってハイマツの植生が続いている。でも、あれがどうしたのか。単なる地形のイタズラか偶然の産物だろう。

「これを地質の成層構造という。この縞状の地層は南岳上部をグルッと取り巻いている。横尾尾根や岐阜県側の奥丸山から見ると、そのつながりがよくわかる。厚手の板を何枚も積み重ねた状態を想像してくれ。それが南岳の山体の構造さ」

板状の地質構造といえば、水成岩の地層が典型だろう。それくらいは私だって知っている。湖や海に土砂が流入し、堆積物のちがいなどでサンドイッチのような縞状の地層を造る。たしか中学か高校のときに習ったような気もするな。では南岳はそんな湖や海底の地層が高く押し上げられ、ここにあるってわけなの……!?

探偵はニヤリと笑うと右手の人差し指を左右に振り、チッチッチと舌を鳴らした。この上から目線の態度には、ちょっぴり腹

南岳の岩壁に現われた火山岩層による縞模様。北穂高岳から撮影

も立つ。

「大キレットの底から南岳の山頂に至るまで、すべての地層を調べてみた。サンプルとなる重い岩石を背負い、たったひとりで黙々と調査した夏の日よ。研究の精度を上げるために、その後、何回も大キレットに通った。歩くだけでも危険な難所なのに、背中のザックに納めた石の重いこと、重いこと」

オット、そのナルシズム系のノリは、私のキャラではないか。地質探偵ハラヤマも真面目一徹ではなく、実はけっこう軽いのである。類は友を呼ぶというべきか。ふんぞり返って解説を始めるヤツの背中にすばやくツッカイ棒をあてがって、お説を承る

南岳獅子鼻岩壁の火山岩層による縞模様

ことにした。北穂の山頂にいるほかの登山者も、このふたりはいったい何をやっているのかと怪訝顔である。

「ここ北穂の山頂から大キレットの最低鞍部を経て、獅子鼻の岩壁帯が始まる標高二八〇〇メートル付近までは、すべて溶結凝灰岩で造られていた。さっきもいったように火山灰や軽石が半溶解して固まった石だ。その上に載っている山頂までの地層は全部で十層ほどあり、それが顕著な縞状構造をなしているってわけ。各層は三層の例外をのぞき、ほとんどが火山灰の積もってできた凝灰岩系の岩石だった。降った灰の堆積量が少なくて熱も自重もなく、また上からの圧力がかからなかったので、溶結するには至らなかった。各岩層の石をひとつずつ薄い切片（薄片）にして、偏光顕微鏡[*7]で岩石組織を確認したからまちがいないよ」

といった後、さらに探偵のふんぞり返りは激しくなる。

「三層の例外ってやつにもとんでもない意味があったが、それ以外の地層は火山の活動によってできた岩層だ。例外の件は話が煩雑になるからいったん横に置くとして、では、どうしてこんな南岳の構造ができたのだろう」

主として南岳の縞状構造は、火山灰由来の凝灰岩で構成されている。石を調べたっていうのだから、それは疑いようのない事実だろう。で、縞状の地層を形成した理由を考えてみると、次のようになるんじゃないか。時間をおいて噴出した火山灰が、次々に堆積して凝灰岩系の地層となっていった。どう、これ正解でしょう。

「門前の小僧なんとやらだが（笑）、つまりそういうことだね。板を積み重ねたような地層構造は、火山灰の堆積の時間差によるものだった。では地層が水平構造をなしているという点はどう説明する？　南岳を構成する凝灰岩系の岩石を造った火山灰が、水平に堆積しているところがミソだ」

火山灰がきれいな水平になるって、傾斜のある山岳地形じゃ難しいよな。山の斜面じゃ水平

＊7　偏光顕微鏡

岩石や鉱物の研究によく使われる顕微鏡は偏光顕微鏡である。岩石や鉱物のほとんどは30ミクロンくらいの薄片にすると光を通すようになる。これに偏光（光の進む方向に直交する平面上で、一定の方位にのみ振動する光）を入れてやると、鉱物の種類や通過方位のちがいを反映した、2組の偏光（振動方向が直交し速度が異なる）に分かれる。この性質を利用して、逆に鉱物の種類や化学組成、偏光の進行方向などを測定することができるのだ。鉱物のさまざまな方位の性質を測定するために、試料を載せるステージは円形で回転できるようになっている点が、生物用の顕微鏡との大きなちがいである。ステージの上下には入力光を偏光に変換するフィルターと、鉱物を通過してきた2組の偏光を合成する偏光フィルターが1枚ずつ装着されている。他の分析機器にくらべ、装置自身は比較的安価（それでも小型自動車と同じくらいの値段）にも関わらず、多くの情報が容易に入手できる利点がある。だが、20ミリ×30ミリくらいの大きさの試料を均等な30ミクロンの厚さに加工する技術（研磨剤による切削）の修得や、観察の時点で的確に鉱物や岩石の性質を読みとれるよう熟練するのには、相当期間の訓練が必要となる。

にはならないし——。となると、当然平らだった場所に火山灰は降ったということになる。ウン？　火山灰からできた凝灰岩層の下には、二八〇〇メートル地点まで溶結凝灰岩層があるって探偵はいっていたな。ということは、要するにその溶結凝灰岩層が平らだったことを意味しないか？

吹き上げられた高熱の火山灰や軽石が降下して堆積し、半分溶けた状態のものが固まったのが溶結凝灰岩なのだから、その岩層が平らだとしたら、どういう場所に火山灰や軽石は貯まったのだろう。少なくとも山の斜面ではないはずだ。

突拍子もない考えが浮かんだ。もしかして大きな窪地に溶結凝灰岩の元が降り積もり、それで上面が平らになったんじゃないか⁉　そうでもないと、粘度のある半溶解したものが平らになる理屈が説明できない。さらに平らな溶結凝灰岩層の上に火山灰が降下したから、南岳上部の凝灰岩層も水平になった……。

あてずっぽうだと断って、「そもそも溶結凝灰岩が形成された場所は、窪地だったのではないか」と探偵ハラヤマに告げた。すると——。

「ピンポ〜ン。なかなか冴えてきたじゃないか、ワトソン君（笑）。ただし一五〇〇メートルもある溶結凝灰岩の下部には火山岩層もあって、それに溶結凝灰岩層と上部の凝灰岩層を足すと、全部で三〇〇〇メートルも堆積している。だから並みの窪地じゃないよ。いつまでも謎かけやっていてもしかたないから、ここで正解をいっちゃおう。その窪地の正体は巨大なカルデラ[*8]さ」

カルデラ寺ではなく、先日バーでいっていたのはカルデラだったのか。ところでカルデラって、阿蘇とかにあるやつ？　箱根では水をたたえて芦ノ湖になっている。たしか噴火によって中身を放出すると山体に空洞ができ、山の上部が落下してへこんだのがカルデラのでき方だったような——。学校で習った覚えがある。

しかし、である。カルデラなら芦ノ湖や阿蘇のように、周囲を外輪山が取り巻いているはずじゃないか。そんな代物は穂高のまわりにどこにも見当たらないぞ。

そう反論すると、探偵はまたまた考え込んで説明の仕方を探した。

「もともとあった外輪山は、浸食

*8　カルデラ火山

輪郭がほぼ円形に近い大型(直径1キロ以上)の火山性凹地地形だ。浸食や爆発によりできたカルデラもあるが、世界の主なカルデラは陥没により形成されている(陥没カルデラ)。なぜ陥没するのかについては、学問上の議論が続いてきたが、少なくとも陥没量の大きい大型のカルデラは、地下のマグマが噴出して地下の圧力が低下することにより陥没するらしい。大型の陥没カルデラのほとんどは、大量の火砕流の噴出とほぼ同時に陥没が生じている。なおカルデラは火山地形についての用語なので、形成後の浸食により、外輪山などの地形は残存していないが、陥没構造は残っているケースについてはコールドロンと区別して呼ぶことが多い。また陥没構造の輪郭が円ではなくて、長方形のときはグラーベンと呼ぶこともある。本文中では読者になじみのある用語としてカルデラと称しているが、穂高地域のものは厳密にはコールドロン、もしくはグラーベンと呼ぶべきであろう。

作用でとっくになくなった。できてから時間がずいぶんたっているからね。それに外輪山の規模自体も小さなものだった。でもカルデラの痕跡は、現在でも一部残っているよ。このあたりは後々説明させてもらおう。順番どおりに解説していかないと、話が見えなくなるからさ。で、外輪山は消滅したが、そのカルデラの壁の内側に残った溶結凝灰岩は、緻密な構造で風化に強く、浸食作用に抵抗力をもっていた。だからしっかり残ったんだね」

少し前まではわかりかけた気になっていたが、謎のカルデラの登場で頭の中がぐちゃぐちゃになった。理解できたところまでを整理整頓してみよう。火砕流として噴出した火山灰や軽石がカルデラの穴の内部に積もり、自らの高熱と荷重により半分溶けた後に溶結凝灰岩ができ上がった。その厚さはなんと一五〇〇メートル以上で、それが穂高の岩体の多くを占める。

——と、オイオイ、これってものすごいことじゃないか。だってさ、穂高は深いカルデラ内に溜まって水飴のように溶けた、深さ一五〇〇メートル以上の溶岩の湖が造ったってことなんだろ？　山体を造るのが溶結凝灰岩なんだからさ。つまりはそういうことなのか、地質探偵ハラヤマ!!

「溶岩の湖？　溶岩じゃないってば。火口からドロドロと流れ出たものではないのだから。あくまで火山灰や軽石が、カルデラ内に堆積して半溶解を経て固結した。その後に外輪山ほかのカルデラのまわりの囲みが浸食されて、カルデラ内を埋めた中身だけが残って山体を構成している。そうやって穂高連峰はできたのさ」

いきなり頭を殴られたような衝撃を覚えた。私たちは今、かつて巨大なカルデラだった場所に立っている。そのカルデラという大きな陥没穴には、火山灰だの軽石だのが次々に火砕流として落下してきた。それが冷えて岩になって穂高は造られた。全身が総毛立つのを感じた。秘められた「巨大カルデラ伝説」である。

溶結凝灰岩という、この岩の成り立ちがそれ

陥没カルデラの地形

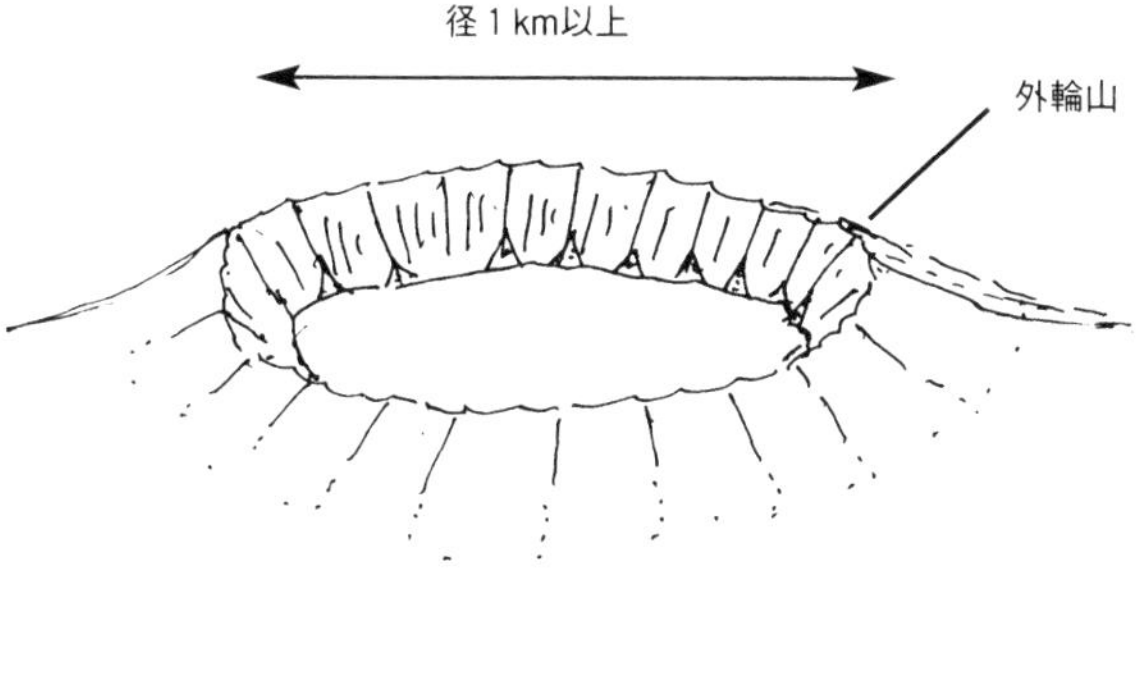

カルデラの中身（火山岩層）が残った槍・穂高連峰の地下断面

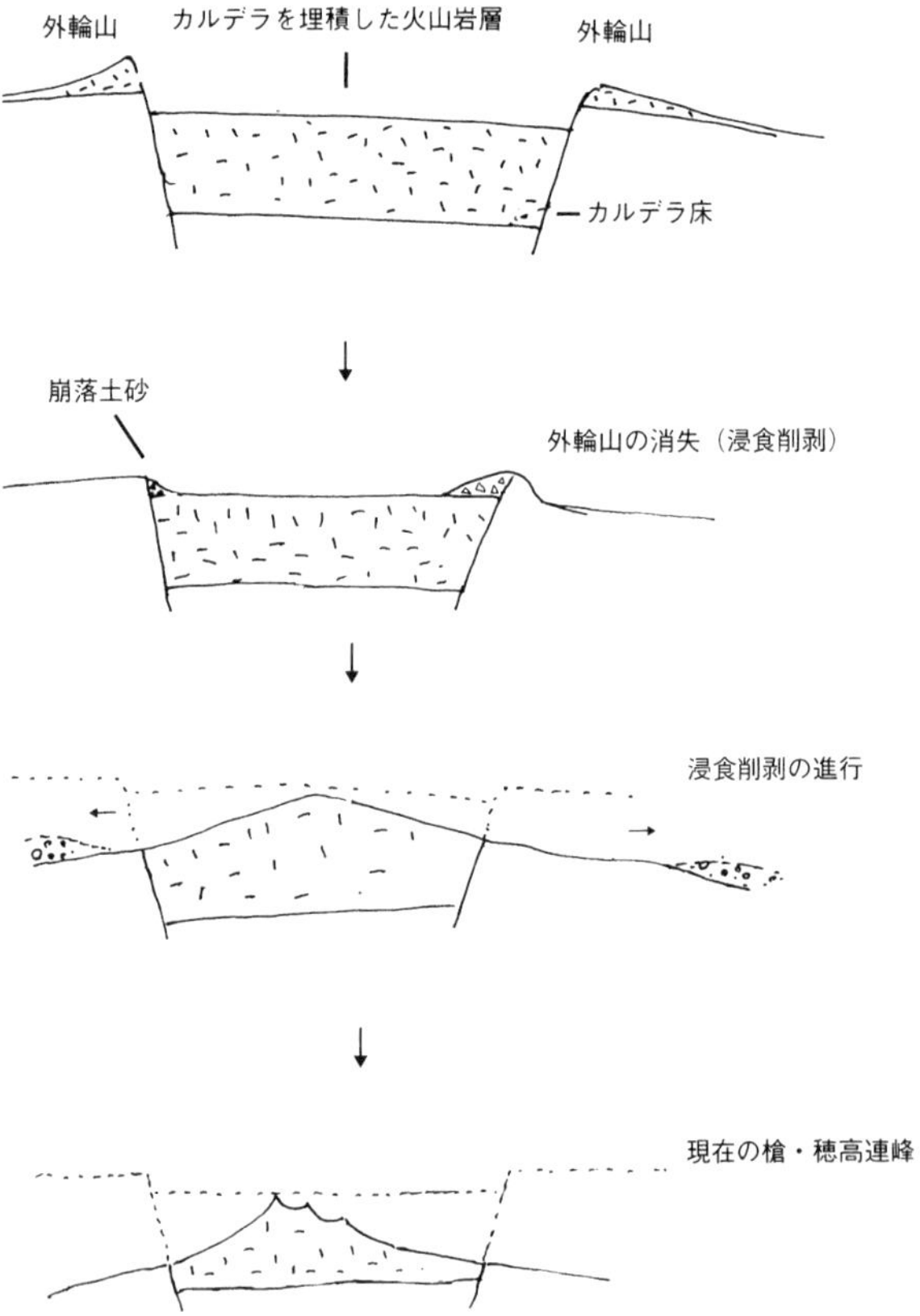

を証明していた。さらに南岳斜面の水平地層がカルデラ伝説を雄弁に物語る。今までまったく気づかなかったが、証拠は目の前に悠然とそびえ立っていたのである。

そんな、とてつもない事実を地質探偵ハラヤマは突き止めた。昔からもう少し丁重に扱っておくべきだったかな。石オタクなんて小馬鹿にしてごめんね。

……と、尊敬光線を投げかけると、朝っぱらからポケット瓶を出してグイッしているんじゃないよ。あんたの嫁からあんまり飲ませるなっていわれているんだから。探偵は舌を出してポケット瓶をしまう。その後、こんなことをボソッといった。

「そうそう、さっき南岳上部の地層が水平に堆積しているといったけど、今現在は傾きゼロの水平ではない。よく見てもらえばわかるように、地層全体が右下（東方向）に向かって傾斜している。地層全体が東に約二十度傾いているのだ。この話は槍ヶ岳に向かう途中でさせてもらうよ。それによって、地質学者のあいだで囁かれていた、ある地質のミステリーが解明できた。楽しみにしていてくれ。ほかの場所もチェックしなくてはならないし、そろそろボクらも出発しよう。今夜の宿、槍ヶ岳の肩にある槍ヶ岳山荘まではだいぶ距離があるからね」

「厄災の山」戦慄のプロフィール

巨大なカルデラ内に厚さ1500メートルも堆積した溶結凝灰岩の岩層。穂高岳はそれによって山体のほとんどが造られていた。深部から上昇してきたマグマが単純に地下で固まったという従来の説を根底から覆す、とんでもない発見である。

しかし地質探偵ハラヤマが読み解いた穂高岳創生の物語は、さながら魔の山のそれだった。「世界ランク級の超火山」という言葉の意味が、これから明らかにされていく。

[STAGE 1]
- 1日目／上高地→横尾(泊)
- 2日目／横尾→涸沢→北穂高山頂(泊)
- 3日目／北穂高山頂(泊)

[STAGE 2]
- 4日目／北穂高山頂→大キレット→南岳→槍ヶ岳(泊)
- 5日目／槍ヶ岳→上高地

最後に登場した景観の演出者

大キレットのコル（最低鞍部）に到着し、ようやくひと息ついた。ここで大休止にしよう。北穂高から南岳に向かうこの縦走路は、岩登りのゲレンデである滝谷の東の縁に沿って設けられている。緊張を強いる悪場が連続し、岩壁に架けられたハシゴや鎖を伝わって、ここまで下りてきた。さすが北アルプスを代表する難コースのひとつだ。遭難事故が多発するのもうなずける。

北穂山頂からは、下っても、下っても溶結凝灰岩特有の緑灰色の岩石が続いた。ここコルもまた、溶結凝灰岩の石片で覆われ

左側が大キレットカール。スプーンですくい取ったような地形がカールの特徴。屏風ノ頭から撮影

る。地質学風に気取っていえば、溶結凝灰岩の地層を「追跡」してきたということになるのだろう。

追跡という言葉は、地質のフィールドワークでよく使われる言葉だ。この業界って、知れば知るほど犯罪捜査の世界に近い。こつこつ足でまわって証拠を固め、ホシ（地形を造った要因など）を追いこんでいく。

ところで、北穂高岳と南岳のあいだを鋭く絶つ大キレットは、氷河によって造られた代表的な氷河遺跡だとされる。山登りをする人のあいだでは常識だろう。地球の寒冷期に降り積もった雪が分厚く堆積し、やがて巨大な氷の塊に変化していった。そしてその氷が自重に耐えられなくなって下るとき、地層を鋭くえぐり取って独特の氷河地形が形成された。

激流が削って造ったV字谷（黒部川が代表）に対し、その形状から氷食地形はU字谷と呼ばれる。その意味で、北穂から南岳に延びる稜線が形づくるUの字は、大自然が残した偉大なサインといっていいだろう。

地質探偵ハラヤマと私は、氷河によってザックリ削られ、パックリと口を開けた穂高カルデラの断面を下ってきたことになる。

探偵の説明によると、大キレットが氷河によって生まれたのは「ほんの二万年前」のことだという。どうやら彼には一万年など瞬時の内らしい。「富士山だって、まだ一万一〇〇〇年前からの活動なので、ごくごく若い火山」となってしまうのだ。この業界の人々の時間感覚は一般人とはケタがいくつもちがう。

探偵によると、北アルプスを襲った大きな氷河期は、六万年前と二万年前の二回とのこと。槍沢など標高の低い場所に位置する大きなU字谷は六万年前のもので、涸沢など高いところにできたカールは二万年前のものだそうだ。全体的に二万年前のほうが雪の堆積量が少なかったため、残っている氷河地形も規模が小さい傾向にある。その理由を次のように解説した。

氷河のもとになる雪は日本海が供給したが、二万年前のときには日本海の南の入口である対馬海峡のかなりの部分が陸化していた。そのため雪のもとになる水蒸気を提供する暖流が、南方から日本海に十分に流れ込めず、降雪量が六万年前に比べて少なかった。よって山の上部のほうにしか、雪の堆積層が形成されなかった——。

また氷食地形は一般的に山の東側に形成される。槍・穂高連峰もずらっと東面にみごとなカールを並べるが、それは日本海から西風に乗ってやってきた雪が、風に煽られて東側に巨大な雪庇を造り、その雪庇ができては崩落する——を繰り返し、多量に吹き溜まっていったからだそうだ。さらに探偵はいう。

「北アルプスをいかにもアルペン的な景観に仕上げたのは二度の氷河だった。氷河が北ア造形の最終演出者ってことになるね。氷河期がなければ、穂高はもっと台地状の地形だったかもしれない」

涸沢や岳沢も氷河によって造られ、前穂高から延びる北尾根も氷食されて鋸の歯状になった。涸沢から登山道が引かれている北穂の南稜や奥穂へのザイテングラートも、氷河が削り残した岩稜部分にとられているそうだ。

ただし「氷食作用は西側にも影響を及ぼしている」とのことである。そのひとつの例が私たちの今いる、大キレットのコルの頭上にそびえる滝谷だと探偵は語る。

仰ぎ見る滝谷の岩壁は壮絶だ。北穂高岳の山頂から蒲田川右俣谷に一気になだれ落ちている。岩稜と岩溝が複雑にせめぎ合い、そのあいだに鋭く切れ落ちたいくつもの岩壁が屹立する。岩の墓場ともいわれ、あまりの急峻さに「飛ぶ鳥のとまることすらない」といったのは、アルピニズム揺籃期の名ガイド上条嘉門次だった。

かつて滝谷はクライマーの聖地だった。私が穂高の岩場で一番思い入れがあるのも滝谷である。若いころに登攀したルートを目で追うと、そのときの胸の鼓動や腕の張りが昨日のことのように甦ってきて、鼻の奥が熱くなる。往時の人気には陰りも見えるが、岩壁を登るパーティ間の呼び声が今でもときどきこだまする。

　この滝谷の岩壁帯も溶結凝灰岩で構成されると、北穂の山頂でハラヤマから聞いた。溶結凝灰岩は硬質だから風化に強いが、垂直方向にクラック（割れ目）が入りやすい特性だという。で、そのクラックに水が浸入して氷になると体積が膨張し、岩が硬い分だけ拡張する力を吸収できず、一気にパカッと裂けてしまうのだそうだ。だから大きなブロックで剝《は》げ落ち、そんな崩壊によ

滝谷と上部岩壁群。滝谷出合から撮影

氷河による削剝作用

氷河は側壁も大きく削るので、谷の断面がU字型になるのが特徴

って急な壁や岩稜、岩峰が形成されたと探偵はレクチャーする。

「だが、滝谷の岩壁を造ったそもそものきっかけは、小さな氷河の氷食だったはず。そんな岩体の亀裂に染み込んでできた氷が崩壊作用を加速させていき、現在の岩壁帯の姿になっていった。でも旺盛な浸食作用で、多分、たった数千年のあいだに、滝谷の岩壁の様相も今とはガラリと変わってしまうだろうな。同じ岩質の前穂高東壁の岩場も基本的に同じ運命にある」

なるほどね、探偵が先日バーでいったように、大きな時間軸のなかでは穂高さえも「うたかた」ということなのだろう。青光りする滝谷のドーム壁さえ、いつかは消失してしまう。なにやら急にほろ苦いものがこみ上げてきた。もちろん人の一生に比べれば、穂高の変容のスパンはかぎりなく長い。

かつて私もクライマーの端くれとして滝谷や前穂高東壁の岩場を登攀したが、そんな壁や岩稜も崩壊は宿命なのだった。荘厳に思えた岩壁も、数千年後にはただの崖に変質してしまうかもしれない。若き日の熱情に任せ、征服だの挑戦だのと気負わずに、もっと慈しむように登っておけばよかったと今にして思う。

私は思いきり稜線の空気を吸い込んだ。日々の生活に忙殺される下界暮らし、この次、いつこの場所に立てるかは不明である。周囲の風景をしっかり心に刻みつけておこう。穂高だって私たちと同じ「壊れ物」なのだから。互いに一期一会。探偵の話を聞いて、以前より、いっそう穂高が愛しくなっている自分に気づいた。

「さあ、登りながら南岳に重なる岩層を下から順に見ていこう。カルデラの謎を解明する重大な証拠が顔をのぞかせているのだから」

探偵の声を合図に、大キレットのコルを後にした。

大地に穿たれた魔の穴の真実

大キレットのコルから汗を流して登り、獅子鼻の岩壁が屹立する崖の登り口付近にやってきた。ここまでは穂高岳から連綿と続く溶結凝灰岩の岩層が続く。だが、その上部には岩質の異なる三〇センチほどの水平な岩層が載り、さらにその上方にはキメの細かい成分でできた、高さ約五メートル幅の岩体が左右にずらっと広がる。

——と、得意げに説明するが、すべて探偵の手ほどきでわかったことだ。

「この二層は溶結凝灰岩の上に降った、火山灰から変化した凝灰岩系の地層だ。実は下方に位置する、溶結凝灰岩と同じ一連の火砕流で運ばれてきた火山灰から造られた。だがカルデラの最上部に堆積したため、すぐに放熱して冷えてしまったのと、荷重不足のために溶結はしなかった」

そうか、穂高岳の溶結凝灰岩とこの南岳の凝灰岩層を生んだ火山灰は、そもそも同じものだったのか。とはいえ両者は見てくれも相当にちがう。溶結凝灰岩に比べ、凝灰岩は全体的に緻密感がない。でき方によって、こんなにも変化するのだ。

登山道が獅子鼻の断崖を直上するようにつけられているので、地層の観察もしやすい。問題はこの上の層だと探偵がいい、その言葉にうながされて進むと、厚さ一〇メ

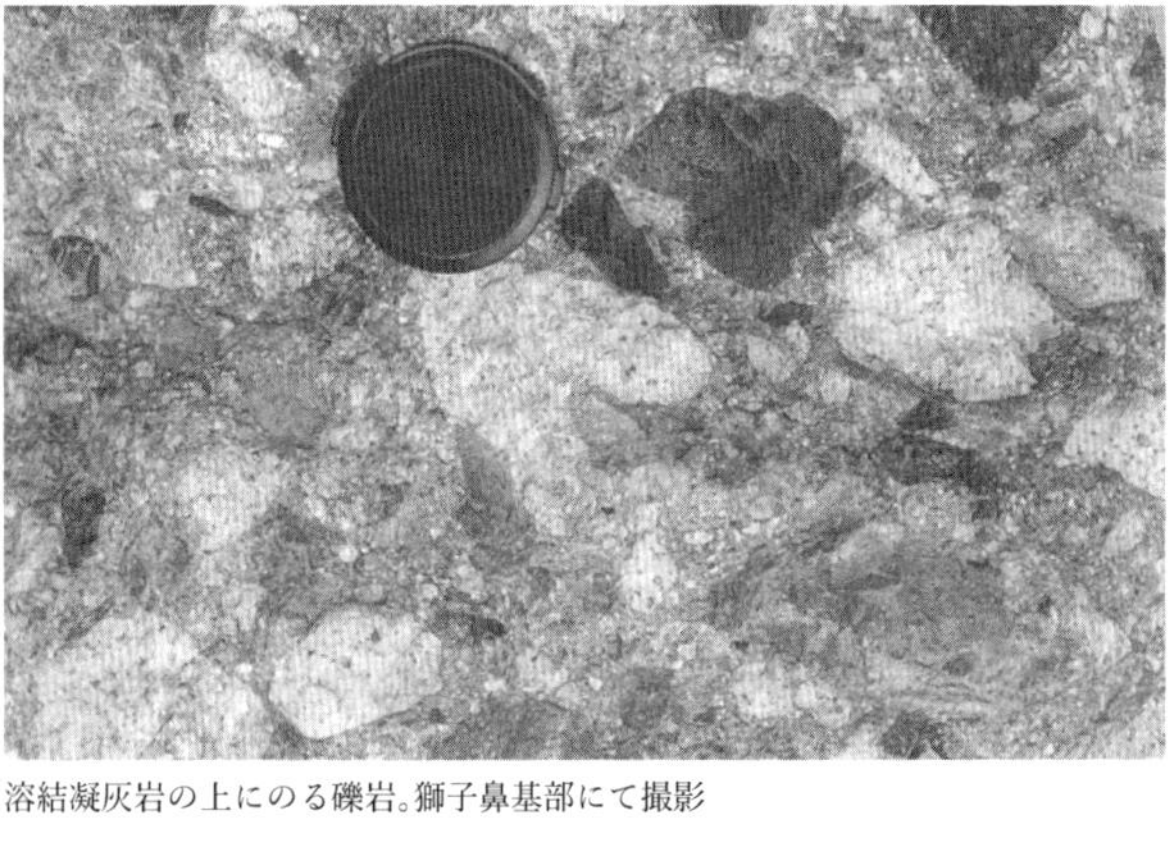

溶結凝灰岩の上にのる礫岩。獅子鼻基部にて撮影

ートルくらいの小石が積み重なる岩層が待ち構えていた。
　明らかに今までの凝灰岩とは根本的に性質がちがう。私にだってわかる差だ。なかには拳大の石も混入するが、ほとんどは小片といっていいサイズの石が交じり合う。礫岩《れきがん》だとハラヤマは教えてくれた。

南岳獅子鼻の崖における火山岩層の積み重なりを示す柱状図

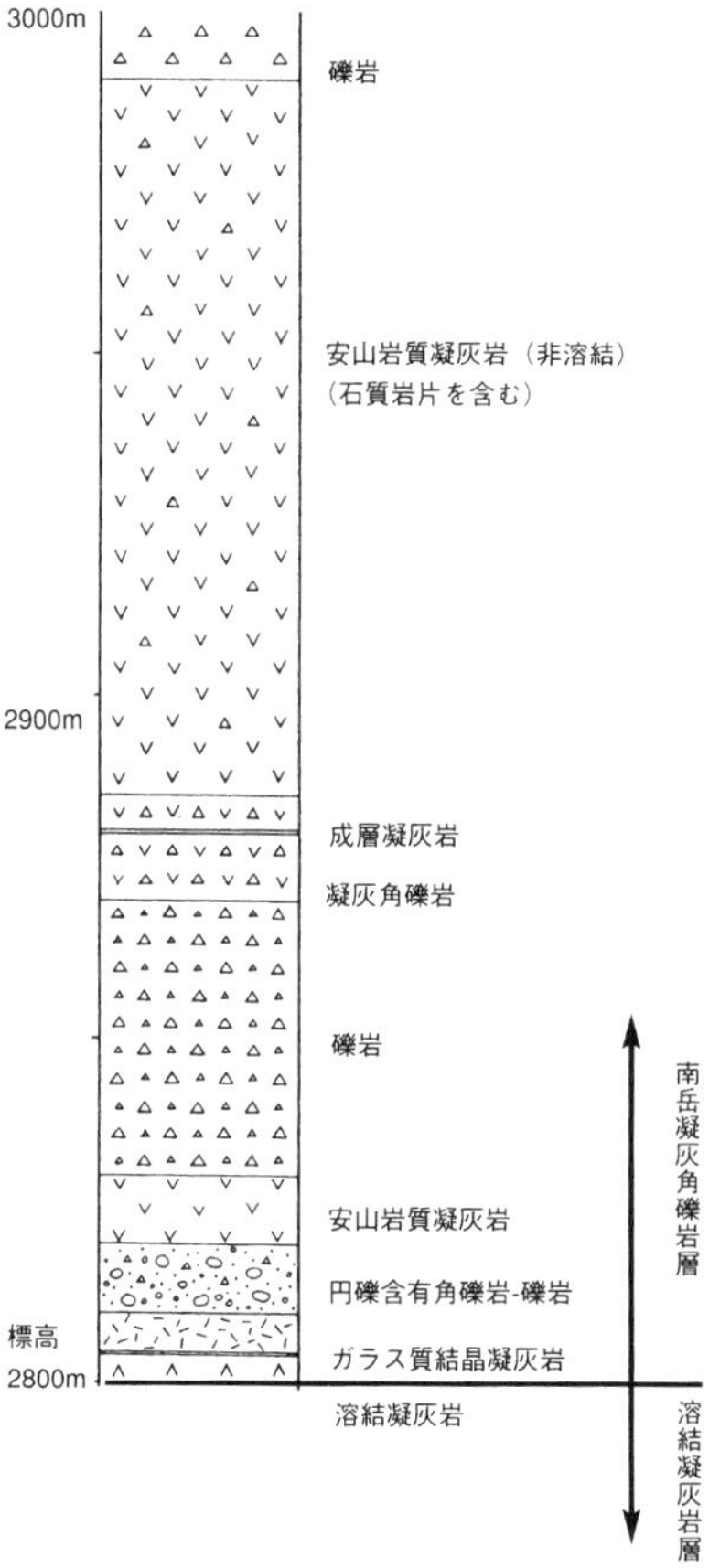

「見てもらうとわかるが、この礫岩を構成する岩石は千差万別だ。マグマが地下深くの場所で何百万年もかけてゆっくり固まった花崗岩《かこうがん》や、海底に砂が堆積して造られた砂岩《さがん》、さらに放散虫の殻が深海に積もってできたチャートや、地殻変動で圧力を受けて変成した、結晶片岩《けっしょうへんがん》なんていう岩石も渾然一体になっている」

つまり出自が異なる石が大集合しちゃったわけである。互いにくっつき合っているから、岩層自体はけっこう丈夫だという。

「なんか不思議だよね。この地層の上には、また凝灰岩系の岩層が載っているのだから。火山灰由来の地層が続くなかに、突然、異分子の地層が紛れ込んでいる」

礫岩層はさらに上部で四〇メートルの岩層をなし、南岳の小屋あたりから山頂までの部分にも露出して、この地層を含めて三度出現するそうだ。北穂山頂で探偵が話した、これが例外の三層ってやつなのだった。

不思議だといわれれば、たしかにそのとおりである。火山性の凝灰岩の岩層のなかに、小石の集合体のような形状のちがう三層が混入しているのだから。この礫岩層はどうやってできたのだろう。成因は皆目見当がつかない。

砂岩やチャート、結晶片岩とやらは、明らかに穂高のカルデラ火山が生み出したものではない。それはわかるが、そんな系譜が異なる小石片が、まるで吹き溜まるようにここに集まっている。まったく理解不能だ。私はサジを投げた。

「吹き溜まるって、いいところを衝《つ》いていると思うよ。こんなふうにいろんな種類の小石が集積する場所って、他に思いつかない？」

探偵はそうアドバイスするが、いったいなんのことやら。強いて挙げれば、似た場所といえば河原や湖、海岸だろうか。それを口にしてみたものの、こんな標高三〇〇〇メートルの高地に、川や湖があったなんて考えられない。そもそもあるはずがないのだ。ギブアップかな。

「今の景観にしばられるから見えなくなる。でも、かなり真相に迫っているじゃないか。だからさ、石片はカルデラが誕生する以前から周囲にあったもので、それらがカルデラの陥没でできた凹地に崩れ落ちたり、当時の河川によって運びこまれたりしたというふうに考えてみたらどうだろう」

探偵が助け舟を出す。でも、こんな標高の高いところに、砂利を運ぶような大きな川が存在するはずもない。エッ、今の景観にしばられるから見えなくなる？

もしかして、カルデラは今のような高い場所にはなかったというのか。つまりなんだ……、周囲に砂利が転がっているような平坦な場所に誕生した。平地にできたからこそ、カルデラの穴に流入する川もあった!!

「やっとわかってもらったようだ。今の穂高や南岳の姿を重ねると、とても理解できない構造だが、もともとカルデラは平らな場所が陥没して生まれたのだよ。たぶん標高は数百から一〇〇〇メートルくらいの場所だっただろう」

めまいがしそうである。穂高岳を生み出したカルデラは、今よりもかなり低い標高の平地に出現した。南岳の南斜面にある、この礫岩層から導き出された答えである。これは驚きだ。その後、探偵のマシンガントークが始まったが、そのまま収録すると相当に長くなり、ときどき苦労話や寒くなるオヤジギャグも大量に混入するので、要点だけをかいつまんで紹介させていただく。

現在の穂高がある場所は、かつて標高一〇〇〇メートル前後の低山地だった。だがある日、そこで突然、小規模の火山活動が始まった。

最初は溶岩が噴出するなど比較的おとなしい活動を続けていたが、ある日、いきなり大量の火山灰や軽石を噴出させ、それにともない地面がドドッと陥没していった。中身が外に出て、底が抜けたってやつだ。カルデラの出現である。

さらに火山は火山灰を吐き続け、底はどんどん落ちていく。大地に巨大な落とし穴のようなカルデラが完成したってわけである。

で、その穴から噴出した火山灰が降下してカルデラ内に積もっていき、半溶解した後に固まって、溶結凝灰岩の岩層を形成するに至った。この溶結凝灰岩の岩層は浸食を受けた現在も、最大で一五〇〇メートルもの厚さとして残っている。

火山灰は広範囲に噴き出たため、カルデラ内を完全に埋めはしなかった。加えて火山灰の埋積後にも陥没が進行したため、周囲より相対的に低くなり、そこに土砂が流れ込んで、南岳の最下層の礫岩層が形成さ

カルデラの凹地への流入河川によって礫層が堆積する

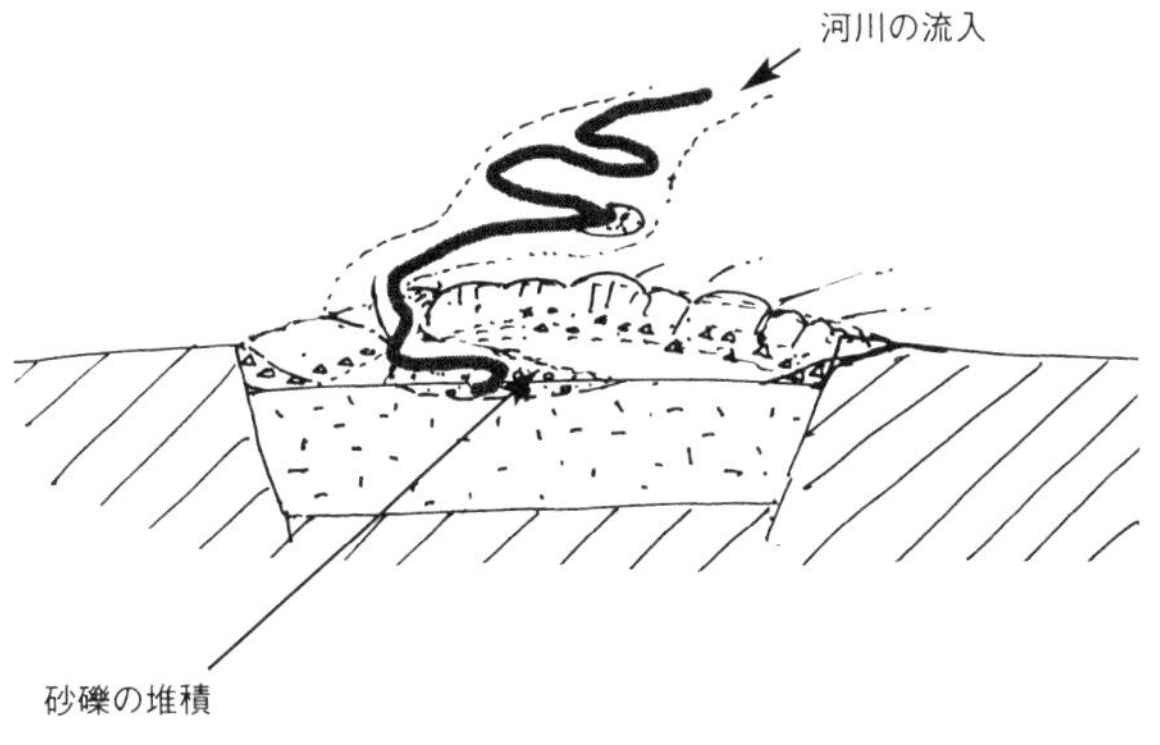

ピストンシリンダー型カルデラのでき方

マグマの噴出により空洞化した地下に岩盤が落ち込んでできる陥没カルデラの典型。マグマの噴出と同時にほぼ円形の岩盤(ピストン状)が落ち込んでいくのでピストンシリンダー型と呼ばれる

1.地下数キロの位置へマグマが上昇し、マグマ溜まりを造る（上部岩盤の膨張と割れ目の形成）

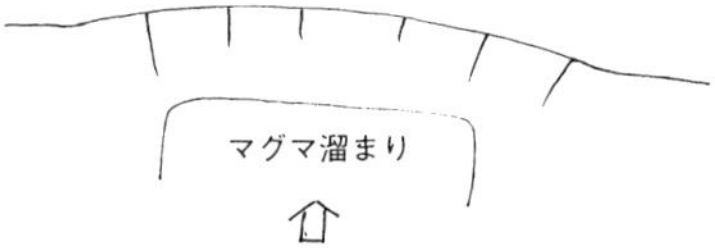

2.割れ目がマグマ溜まりに達し、マグマが上昇、噴火の開始

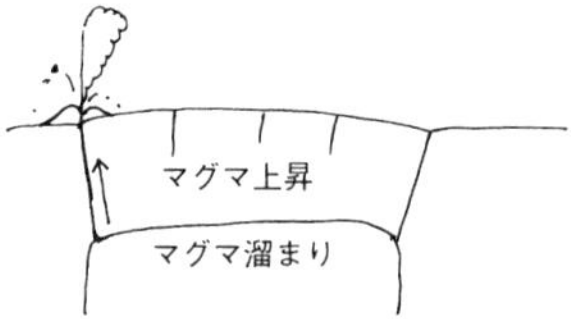

3.大噴火と火砕流の発生。同時にマグマ溜まり直上の岩盤の沈下（陥没）

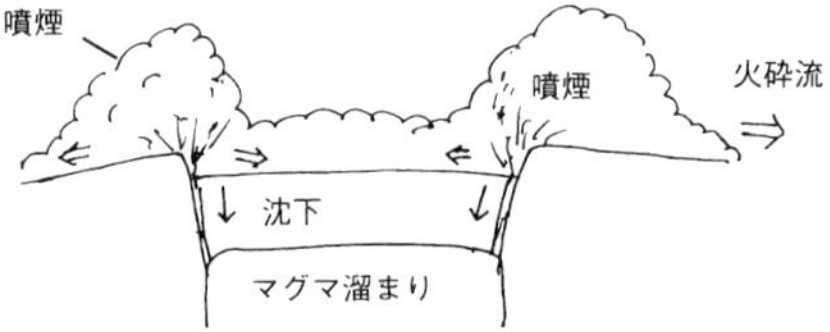

4.陥没カルデラの完成。カルデラ内は噴火とともに沈下するのでカルデラ外よりも火山灰が厚く（数倍以上）堆積する

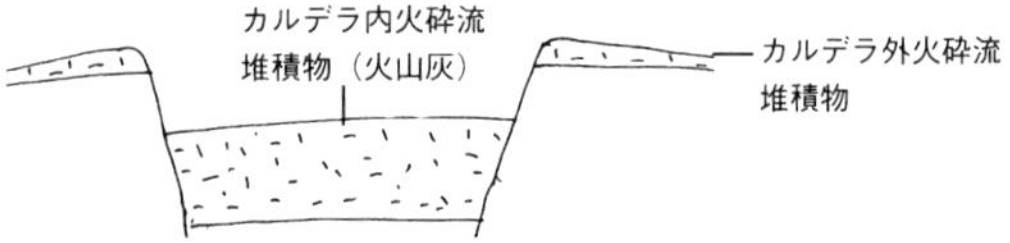

れた。

その直後にカルデラ内の礫岩層の上に火山灰が降り、その上にまたまた小石が流入して、その繰り返しで南岳の二層目と三層目の礫岩層が生まれた。

今では浸食されて上限は不明だが、南岳の火山灰、礫岩、火山灰、礫岩の重なりは、もっともっと高い場所にまであったかもしれないとのことだ。

南岳の礫岩層から、想像を絶する展開となった。あまりにドラマチックで、心臓に悪い。この三層の礫岩層がもつ意味だけでも、単純に地下でマグマが固まってヒン岩ができ、それが盛り上がって穂高岳ができたという従来の説明は否定できる。

カルデラという低地にできた巨大穴の存在がないと、ふいに火山岩層に水成岩である礫岩層が混入する理由が説明できないのだ。とにかくカルデラはたしかにあった。それも、ほぼ平らな大地にぽっかりと穿《うが》たれた巨大な、巨大すぎるカルデラ。

ちなみに探偵の予測では、カルデラの穴の深さはなんと三〇〇〇メートルだったという。実にとんでもない巨大な穴である。東京タワーが九つも入っちゃう。

また調査によって、火山灰の噴出とカルデラの陥没はほぼ同時だったこともわかったという。噴《ふ》きながら落ち、落ちながら噴く。それを地質学ではピストンシリンダー型陥没カルデラというのだそうだ。自動車のエンジンのアレである。となれば、カルデラに岩石が流れ込んで礫岩層ができたのも、ほぼ同時期となる。

「タイムスリップが可能なら、カルデラのできる様子をこの目で見てみたい」

探偵がポツリといった。研究者として、そりゃそうだろうな。

しかし、そんな平地にできたカルデラが、なぜ今では三〇〇〇メートルの標高の場所にあるのか。それを探偵はこう説明してくれた。

層厚一五〇〇メートル以上の溶結凝灰岩を詰め込んだカルデラは、北アルプス地域に起きた約一四〇万年前からの隆起活動で三〇〇〇メートルに持ち上げられた。つまり造山活動が後から押し上げたってわけだ。それが浸食や風食、さらに二度にわたる氷河の氷食でバッサリ削られ、現在の姿カタチになったという。

なんとも壮大な話で、しばし茫然となる。ちなみにこの北アルプスの造山活動については、後でくわしく説明してくれるとのことだ。

穂高岳と南岳は、そんな深さ三〇〇〇メートルもある巨大な化け物穴が産みの親だったのか——。そんな私のひとり言を耳にし、探偵が聞き返してきた。

「アレッ、ボク、カルデラの規模は穂高から南岳までっていった？　大きさはそんなもんじゃないよ。以前、キミと一緒に槍ヶ岳の北鎌尾根に行ったことがあるよね。あれはカルデラの北の壁を調査するためだった。千天出合から天上沢を経て北鎌尾根に取り付いたけど、尾根上のＰ２に出る直前の場所で、カルデラを形成する外壁から岩屑が崩落してできた地層を発見したんだ。つまりカルデラは北鎌尾根の独標のずっと先まであったってわけ」

ふいにジャーマンスープレックスホールドをくらったような気分だ。アックスボンバーでも、ウエスターンラリアートでもなんでもいい。頭の中で火花が散る。

私の考えがまちがっていたら訂正してくれていいと前置きし、探偵にただした。中岳や大喰岳だけじゃなく、もしかして、名峰人気ナンバーワンの槍ヶ岳も、一連のカルデラの穴が造ったってこと——？

「もちろんそうさ、槍も穂高も同じ穴のムジナ」

私がその場にしゃがみ込んだのは、あまりに酷いオヤジギャクのせいだけではなかった。天下の槍ヶ岳さえも、穂高と一連のカルデラが生み出した山だったのだ。

陽光に輝くカルデラの刻印

南岳にある獅子鼻の岩峰の上は、穂高連峰の格好の展望台だった。大キレットを隔て、中央に滝谷の岩壁を抱えこんだ北穂高岳が鋭く天を突く。前穂高岳、涸沢岳、奥穂高岳の各三〇〇〇メートル峰もそれぞれ険を競い、ちょうど反対側の上高地方面から見た穂高連峰の優美な姿に比べ、格段に荒々しさが際立つ。

穂高、いや今や「槍・穂高火山」だが、その実相をレクチャーしてもらう前に、気になっている点を探偵にぶつける。素朴な質問コーナーってわけである。

まずはこれ。多量の火山灰や軽石がカルデラ内に断続的に堆積したってことだけど、その堆積には時間差があるはずだから、いったん水平に固定化された層と、次に降ってきた層とは、微妙に成分や固まり方が異なって、岩質の差となってくるんじゃないか。同じ溶結凝灰岩という岩質ゆえに、南岳斜面にある凝灰岩系や礫岩のように明確な地層のコントラストを見せなくても、各層のちがいが横縞状の模様になって判別できてもおかしくはない――。得意満面な私である。

それに対して、探偵ハラヤマはあっさりと答えた。

「横縞の模様なんて、穂高の至るところにある。たとえば、ここから望める北穂高岳の北壁。山頂に北穂高小屋が小さく見えるけど、その下に位置するのが北壁だよね。岩屑が多量に載っていて視認しづらいが、斜面に何本もの横線が走っているのがわからないか？　火山灰が断続的に堆積したときにできた構造模様だよ」

いわれてみれば、たしかに遠目に横縞が浮き上がってくる。さらにその延長線は、切れ切れながら滝谷の岩場にも延びていた。積もっては溶解して固まり、さらに積もっては固定化されていく。そんなカルデラ内

火山灰が火砕流として断続的に噴出して火山岩層を作る。北壁の左下がりの縞は、その岩層による縞模様を示している

に起きた繰り返しを、この横線が示していたのだ。激しかった火山のドラマが縞模様となって刻まれていた。

これには感動した。いや、もっと正直にいえば、このとき初めて巨大カルデラの存在がガガーンと実感できたのである。だって、降り積もった様子が実際に見えているのだから。地質探偵ハラヤマの学説は絵空事ではなかった。

なんのことはない、穂高はいつもカルデラの証を白日のもとにさらしていたのだ。だが誰も気づかず、縞模様に注意を払うことすらなかった。もちろん、探偵のカルデラ火山学説を聞くまでは、私もそんなひとりだった。

山体に残された水平方向に延びるカルデラの刻印は、往時の槍・穂高火山の苛烈な実体を想像させる。そして横方向の模様が一番顕著なのが、前穂高岳の東面にある岩登りの名所、奥又白の岩壁群だと探偵は話す。

「奥又白池から観察すると、前穂高の東壁からⅣ峰の岩壁を横に貫く何本もの平行線が確認できるはずだ。地層が露出して岩壁になっているから、穂高のなかでもこの場所がもっとも視認しやすい」

徳沢からでも遠望できるというから、槍ヶ岳の帰りにチェックすることにしよう。

で、次の質問をしようとすると、探偵が口を開いた。

「北穂高の北壁や前穂高の東面にある横線に絡む話だけれど、朝、北穂山頂で南岳上部の地層が東に倒れ込んでいるって指摘したよね。その角度は約二十度。あとで説明するつもりだけど、今からその原因を考えておいてよ。地質学的にいうと、傾動という特別な現象なんだ」

ア〜アッ、探偵から課題が出ちゃったよ。そんなものは後まわしにして、素朴な疑問のその二をぶつける。実は、この問題はかなり本質的で、ことによったらハラヤマ学説のアキレス腱にもなるかもしれないと思ったのだ。

前穂高岳東壁(中央上)のDフェースには、くっきりとした縞模様が見えるが、これがカルデラ内の火山岩層を示す。奥又白谷から撮影

というのも——南岳の溶結凝灰岩は山体の途中までで、その上に凝灰岩だの角礫岩だのの水平岩層が十層ほども載っているという。ところが穂高の頂上部分は溶結凝灰岩だけで、凝灰岩や角礫岩は存在しない。

南岳と北穂高のあいだは、氷河がたまたまそこを大きくえぐっただけで、本来、穂高と南岳は地続きの一連の岩体だったはず。穂高はてっぺんまで溶結凝灰岩が占めるのに、南岳は二八〇〇メートルまでとか。やっぱり変なんじゃないか？

「実によい質問である、ワトソン君」

ハイハイ、ありがとうございます、ホームズ先生。だが、この疑問はかなり重要な点を突いているはずだ。

「結論からいわせてもらうと、当然ながら穂高の上にも南岳と同じ堆積地層があった可能性は高い。でも浸食で削られて、証拠は失われてしまった」

でも穂高も南岳も基本的に同じカルデラの水平な岩体なのだから、同じ標高だったなら、同じ岩石が存在しないのは奇妙じゃないか。「同じ」を三度も繰り返して強調してやった。浸食以前の問題だろう。地質探偵ハラヤマよ、ここがキミの理論の破綻ポイントでは？　さあ、この問題にどう回答する。

「まあ、まあ、そう気色ばまないで……。ところで一杯やるか？」

いつの間にか、またポケット瓶を出しているじゃないか。嫁にチクるぞ。渋々とポケット瓶をザックにしまい、探偵は語りだした。

「火山灰や軽石がカルデラに堆積して、それが溶結して飴状だったとき、カルデラの底の一部が地盤沈下してタワミを造ったんだよ。まだまだ粘度が高くて柔らかかったから、グニャとたわんじゃった」

タワミができた――。そんなことが起きたのか？　意表をつかれ、私は古典的なギャグであるズッコケをやってしまった。

「つまり南岳の直下にある溶結凝灰岩層が穂高岳より標高的に下にあるのは、穂高よりも南岳

たわみの形状

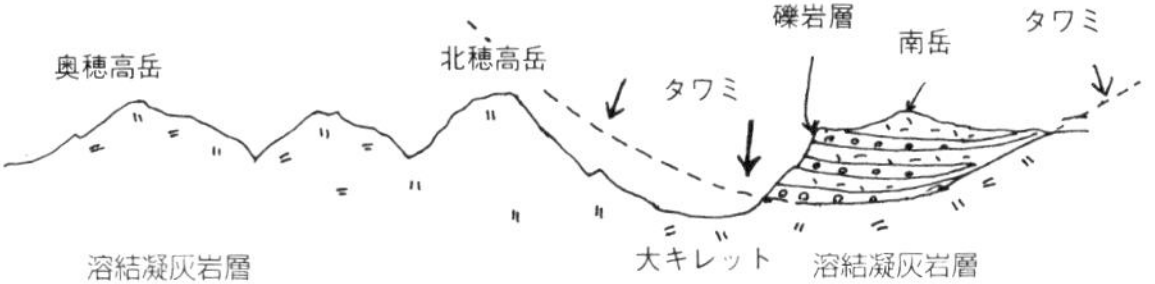

溶結凝灰岩層のたわみの形状（ハンモック状を示す南北断面）

がある場所のほうが、タワミが大きかったというわけだ。実際カルデラのなかで、南岳周辺が溶結凝灰岩の岩層も一番へこんでいる」

とはいえ、丸め込まれたようで釈然としない。都合がよすぎる気もする。

「実はこの研究には時間を割かされた。北穂高の山頂でいったけど、溶結凝灰岩には本質レンズが混入しているってことを覚えているよね」

軽石が溶結時に押し潰されてレンズ状になったってやつだよな。よく覚えているよ。まだそう時間はたっていないし。それがなにか？

「本質レンズが扁平化した面を調べてみると、カルデラの内側方向に傾いていたんだ。火山灰や軽石が溶結した時点では、上からの圧力で本質レンズの扁平化した面は本来、水平だったはず。それが場所によって傾き方にちがいが出て、カルデラを囲んでいた壁に近いほど急傾斜を示していた。つまり溶結して間もない柔らかいうちに、溶結凝灰岩層はたわんだということになる」

で、カルデラ内に分布する溶結凝灰岩層の全域にわたって、本質レンズの扁平面の傾斜方向と角度を比べた結果、溶結凝灰岩層のタワミ具合がわかってきたという。そして探偵はカルデラ全体のタワミの形状を復元していったと続けた。

その作業を通じて、南岳あたりがタワミも一番激しく、大きく窪んでいるという結論が導き出されたという。探偵はいとも簡単に答えたが、全域のタワミをチェックするってひと筋縄ではいかなかったはずだ。もっとも、そこまで徹底して調べあげたから地質学会で認証され、今や原山学説として定説となったのである。

好きな道とはいえ、本当にご苦労さんでした。なお、カルデラを埋積した溶結凝灰岩は、たわんだ結果、ハンモックのような形になったという。ハンモックは釉先《さき》に比べて中央部が下がっているが、その部分をタワミと考えるなら、釉先に近い穂高の溶結凝灰岩が南岳で高度を落とす理由も理解しやすいのではないか。

素朴な疑問の二番目はここに氷解した。次はその三である。

さきほど探偵は、穂高の溶結凝灰岩層の上にあった凝灰岩層などは、浸食でなくなった可能性が高いといったが、そもそも浸食って何だろう？　浸食によって山はどんどん低くなっていってしまうのか。

「そうか、そのあたりも説明しておかないといかんな」

例によって、探偵の話を抜粋させてもらおう。

山にかかる浸食の強さは、その高さのほぼ二乗に比例する。だから、標高が高ければ高いほど、浸食エネルギーがかかってくる。

さらに、重力の影響もあって、山が高さを維持するのは相当なストレスで、単純にそこにドカッとそびえているのではなく、下から押し上げる力が働いているから盛り上がっている。

そして、押し上げる力と浸食作用がバランスを取り合って、下からのパワーに見合った高さで拮抗するという力学なのだと探偵は語った。

日本に四〇〇〇メートルを超える山が存在しないのは、

「下からの押し上げる力が、三〇〇〇メートルクラスの高度を維持する程度だからだよ」

現在、研究者たちは北アルプスで、この押し上げパワーを定点観測している。だが、今のところ大きな変化は示していないという。

なんだ、力の変化がないということは、剱岳は二九九九メートルのままで、標高三〇〇〇メートルに達しないのかとお嘆きの読者もいるだろう。この観測は歴史も浅く、長期的なデータをつかんでいるわけではないと探偵。

もし北アルプスの地下パワーが増せば、剱岳もあっという間に三〇〇〇メートルを超えると豪快に笑い飛ばした。

ところで大昔、かの松下幸之助氏が気宇壮大な国土改造計画をぶちあげた。活用できる土地を広げるため、すべての山を平らにならして平野を造れ――というものだった。常人にはおよばないビジョンに度肝を抜かれた。

だが、探偵の話を聞いてこう思った。山ってやつは押し上げパワーがあるかぎり、ならしてもまた「はえてくる」ものなのだ。浸食を受けながらも、押し上げる力と平衡した高さを維持する。摩訶不思議な自然のシステムというしかない。

とはいえ、かつてオーストラリア大陸には、四〇〇〇メートル級の大山脈があった。だが押し上げ力がなくなって、今では痕跡を留めるのみ。日本列島にかかるこの力が弱まれば、北アルプスも標高を下げていくのだった。

一七六万年前に起きた灼熱の悪夢

南岳獅子鼻の上での天空講義も白熱してきた。槍・穂高火山の「世界ランク級」というその実体を、そろそろちゃんと聞いておかなくてはならない。探偵ハラヤマはまずこう切り出した。

「槍・穂高火山は猛烈な火砕流がその特徴だ」

カルデラのサイズは東西約六キロ、南北は約一六キロで、南の縁は上高地を越えて釜トンネルの先まであったという。北の縁は前述したように北鎌尾根の先。形状をハンモックにたとえられるくらいだから、ずいぶん細長い形をしていたものだ。穂高岳だけでなく、槍ヶ岳を構成するほとんどの岩石も、基本的にカルデラ火山の噴出物だというのだから恐れ入る。

ちなみに、地質学ではカルデラとはほぼ円形のものを指し、このように細長い形状の場合にはグラーベンと呼んで区別するそうだが、一般的にはカルデラで構わないと探偵も話すので、本書ではカルデラで通すことにした。

さて巨大噴火は、およそ一七六万年前に突如起きた。人類の直接の祖先が猿人と枝分かれしたころである。

その噴出によって地盤が大陥没し、巨大なカルデラが誕生したプロセスは前節でもふれている。ピストンシリンダー型陥没カルデラというように、火砕流を噴き出しながら、ほぼ同時期にカルデラの底が落下した。

さらに一万年の間隔を置かずに、二回目の大噴出があった。

一回目の噴出でできたカルデラの縁の部分に沿って、火山灰なんかをいっせいに噴出したってことらしい。そこが地盤の弱点となったからだ。どしんと落ちたわけだから、縁の岩は脆くなっていた。

探偵はそこまで話した後、穂高に視線を向けてしばらく沈黙する。私もつられて穂高の方向を見た。やがて探偵はおもむろに語り出した。

「槍・穂高火山はマグマをトロトロと流すような、穏やかなタマじゃなかったんだ。火山灰や軽石を大量に含む火砕流を猛烈な勢いで噴き出し、とにかく恐ろしく荒っぽい火山だったのさ。また二度目は天高く火山灰を噴き上げる活動が中心だったが、このときも凄まじい被害をきわめて広い範囲にもたらしている」

なお、一七六万年前の一回目、一七五万年前の二回目にしても、火山灰の噴出は数日以内で終了したと推測されるそうだ。二回の噴火ともに、数時間の単位で終焉した可能性もあるという。いずれにせよ、ごく短期間の火山活動だった。

火砕流といえば雲仙普賢岳での惨事が記憶に新しい。一見入道雲に似たそれは高速で山の斜面を駆け下り、貴重な人命をひと飲みにしていった。火砕流の内側は一

○○○度C近い高熱だ。巻き込まれたらひとたまりもない。だが、雲仙普賢岳の火砕流は溶岩ドームが崩壊したために発生したもので、比較的規模が小さく、人家さえ近くになければ、あそこまで災害は広がらなかっただろうと探偵は分析する。

それに対して槍・穂高火山は、吐き出した火山灰が一度目の活動のときで四○○立方キロ。ほぼ富士山の円錐形一五○○立方キロの四分の一の体積に相当するとか。これは雲仙普賢岳が放出した火砕流の約四十万倍だ。また二度目の噴火でも三○○立方キロを吐き出した。トータル七○○立方キロは想像を絶する膨大な量である。

鹿児島県沖の海中にあり、九州南部の縄

火山灰分布図

●は火山灰発見地点

曲線は、吉川ほか(1996年発表)のデータに基づき推定された降灰の等層厚線を示す。場所によってはこれを上回る層厚を示す

穂高カルデラ分布図

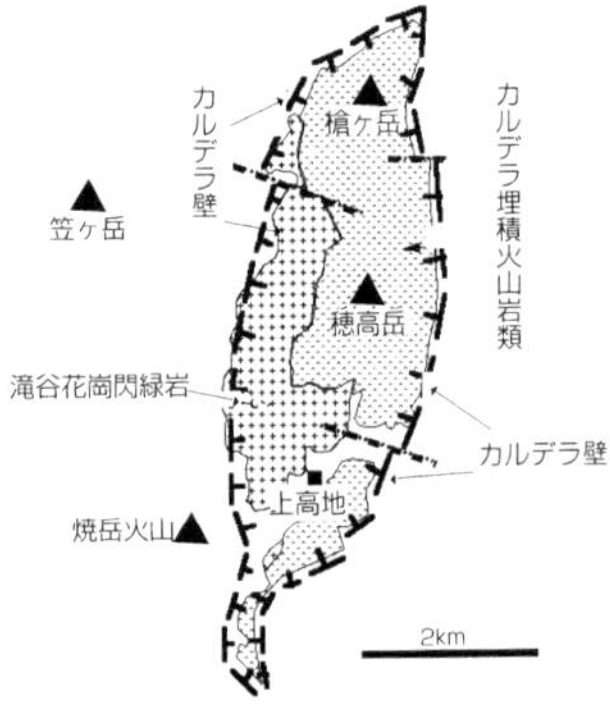

文文化を滅ぼしたという七三〇〇年前に噴火した鬼界カルデラ火山でも、放出した灰の総量は一〇〇立方キロにすぎない。頭抜けた槍・穂高火山の破壊力といっていいだろう。

噴出した火砕流は、飛騨地域全域と長野県の西半分に流走した。新穂高温泉あたりで層厚四〇〇メートル、四〇キロ西にある飛騨高山でも一〇〇メートル厚の火砕流堆積物を残した。

もちろん火砕流が及んだ場所は焦土と化し、生物も死に絶えるしかない。太陽も降灰に遮られて、あたりは夜のようになったはずである。

規模が規模だけに降灰の範囲は幅広く、南西三〇〇キロに位置する淡路島や、東に二五〇キロ離れた房総半島にも火山灰は大量に積もった。房総半島の黄和田にある地層には、槍・穂高火山からの火山灰が一回目で厚さ七五センチ、二回目の噴出のものが一五〇センチの層厚で封印されているという。

また房総半島に鋸山という岩山があるが、この山を構成する凝灰岩系砂岩にも、槍・穂高火山の火山灰が混入しているとのことだ。海底の窪みに砂がたまり、それが隆起して鋸山はできた。山には日本寺という古刹が立ち、磨崖仏も刻まれる。こんな場所にも槍・穂高が関係しているとは、なにか意外な気もした。

槍・穂高火山の猛威について、地質探偵はこう補足する。

「当然ながら、この火山は現在の阿蘇山や浅間山、富士山の比ではない。とにかく超ド級の大火山＝超火山だったわけで、日本の地質史でも最大クラス。その規模からいって、世界ランク入りはまちがいないだろう」

約一七五万年前あたり、地球全体が急に冷え込む現象が起きている。槍・穂高火山によって猛烈に噴き上げられた火山灰が空を覆い、地球に寒冷期をもたらしたのではないか。同時期に噴火した大きな火山は見

火砕流の障壁となった176万年前の山脈

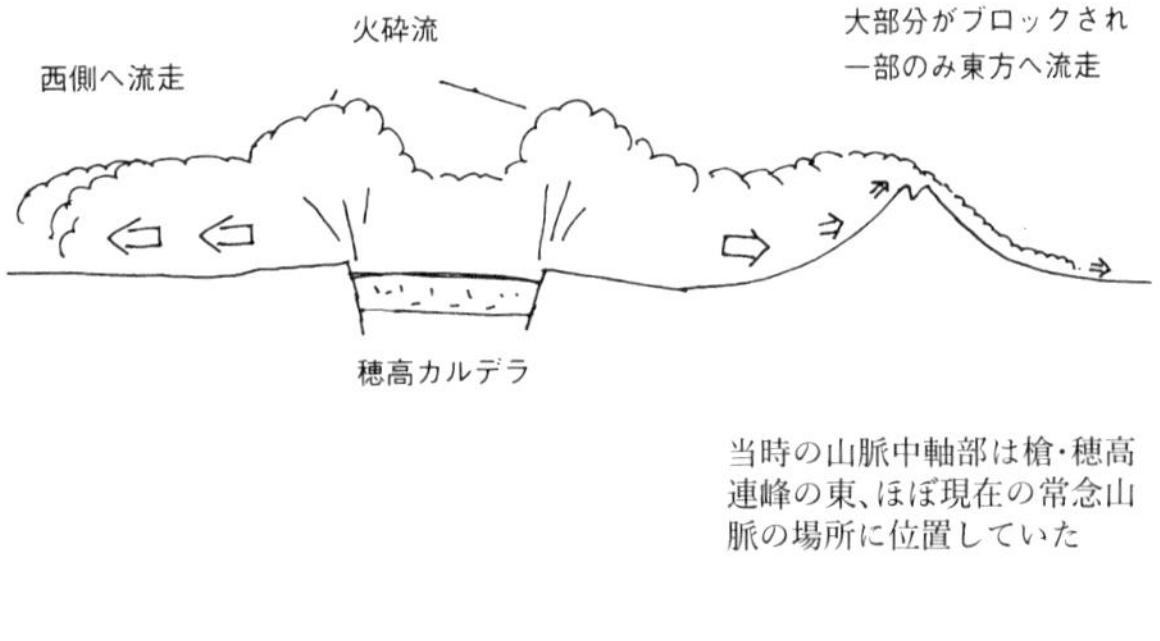

当時の山脈中軸部は槍・穂高
連峰の東、ほぼ現在の常念山
脈の場所に位置していた

つかっておらず、寒冷化の犯人は槍・穂高火山だった——。探偵はそう確信する。とにかく、とてつもない超火山である。まさに厄災の山、魔の山だった。

ところで地質学の世界では、槍・穂高火山が西の岐阜県側に膨大な火砕流堆積物を残しながら、なぜか長野県側は堆積物が少ないという点が、大きなミステリーとして長年論議がなされてきた。

その解答は、福島大学の長橋先生たちによって行なわれた、白沢天狗火山から噴出した火砕流堆積物の研究からもたらされたという。この白沢天狗火山は爺ヶ岳の東方にあって、槍・穂高火山が噴火した約十五万年後（一六〇万年前）に噴火している。だが槍・穂高とは逆で、東の長野県側に多量の堆積物を残すのに、西の富山平野側からは対応する堆積物が見つからない。

槍・穂高と白沢天狗火山。ふたつの火山が吐き出した火砕流堆積物の分布範囲を検証した結果、槍・穂高火山の東側、そして白沢天狗火山の西側に、南北方向に走る一列の山脈が想起されたのだ。

ちょうど今の常念山脈の位置に、この当時、すでに二〇〇〇メートル級の連なりが存在していて、火砕流の流走を妨げる地形的な障壁となっていたというわけである。この時代、どの程度の高さの山脈が存在したかは不確かだったゆえに、この発見は北アルプスの生い立ちの歴史の書き換えにもつながった。

つまりはこういうことのようだ。飛騨地域に比べ、槍・穂高火山が長野県側に火砕流堆積物をさほど残さなかった理由を、探偵はかみくだいて説明してくれた。

「槍・穂高カルデラの東側にあったその山脈が、槍・穂高火山の火砕流をブロックしたということ。このレベルの火山の火砕流なら二〇〇〇メートル級の山も越えるが、山頂を通過するまでに堆積物の多くを落としてしまい、山頂を過ぎた段階では軽量な灰の部分しか残っていなかった。そのため長野県側に到達した火砕流の分量は少なかったのだ。それでも、大町付近で厚さ一〇メートルという火砕流堆積物が見つかっている。いかに槍・穂高火山のスケールが大きかったかが、この点でもわかってもらえると思う」

槍と穂高を覆い尽くす規模の巨大なカルデラ火山。壮絶というしかない。

眺めのいい獅子鼻岩峰でのハラヤマの講義は以上で終了である。課題を出された気もするが、なんだったかな……。陽光に燃え立つ穂高に別れを告げ、目を西に転じると笠ヶ岳が微笑むように静かにたたずんでいた。レクチャーに疲れたのか、両手を上げて伸びをしながら探偵がいう。なにか気づかないか――と。

別に笠ヶ岳は笠ヶ岳だ。穂高の隣にあるため人気の面では損をしているが、シルエットの美しい端正な山である。だが、ちょっと待てよ、笠ヶ岳の東面にも水平な縞状構造があるじゃないか。あれはもしかして……。

「そうだよ、カルデラ。穂高側におよそ一五〇〇メートルの厚みで、カルデラの断面をさらしている。カルデラを埋積したのが流紋岩が主役だった点をのぞけば、笠ヶ岳も基本的に槍・穂高と同じ構造のカルデラ火山だった。ただし笠ヶ岳は六五〇〇万年前の火山だから、槍・穂高火山よりもかな

笠ヶ岳には6500万年前のカルデラ火山の断面が現われている。水平な縞が当時の火山岩層を示す。涸沢岳から撮影

り古い。ちょうど恐竜が絶滅したころだね。この火山もスケールが大きかった。さらに笠ヶ岳には特別の事情があって、地質学的にもおもしろい山といえる。北アルプスの地質研究はこの笠ヶ岳から始めた。ボクにとっても重要な山だね」

笠ヶ岳も火山、それもカルデラ火山だった。まったく知らなかったな。聞けば薬師岳ほか著名な秀峰が火山なのだとか。それぞれの詳細は別の機会に解説してもらうことにして、次の槍ヶ岳では、どんなドラマが待っているのだろう。

槍ヶ岳は巨大なピサの斜塔か!?

獅子鼻を出発した私たちは、槍ヶ岳を目指して南岳から中岳へ向かう。一歩進むごとに槍ヶ岳の穂先が大きくなってきて、気分がおのずと浮き立つ。この縦走路をたどる登山者なら、誰もが経験する高揚感だろう。

それにしても、均整のとれたみごとな三角錐だ。頂点から中天に向けて、まっすぐにエネルギー光線を放っている。そんなイメージを抱いた。このたとえが気に入った私は、探偵に自慢げにそう語った。

探偵はニヤニヤしながら、「なにかSFチックで槍ヶ岳にそぐわない気もするな」

とのたまった後、

「もっと先に行ってから語ろうと思っていたけれど、そんな話が出たついでだから、ここですませてしまおう。たしかに場所的にも適しているかもしれない」

そういってザックを下ろし、その上に腰かけた。まあまた講義か。しかたないので私もそれに従う。南岳の岩屑斜面の先に中岳、大喰岳が女性的なフォルムを連ね、槍とは対照的なコントラストだ。ここでのんびりと槍ヶ岳見物も悪くはない。

講義とやらのテーマはわからないが、そんなことより、今ふと感じた疑問点の解決を先行させてもらおう。槍ヶ岳も穂高と同じ一連の巨大カルデラの産物ということだが、あのピラミダルな姿はどうやって造られたのか。地質探偵に問う。

「槍沢、天上沢、千丈沢、飛騨沢の氷河が、四方向から岩盤をガシャガシャ削っていったんだな。それによって尖った部分が残って今の穂先になっている」

説明されると「な～んだ」である。穂先を頂点に延びる東鎌尾根、西鎌尾根、北鎌尾根、そして大喰岳へと延びる稜線は、氷河の削り残しってことらしい。つまり逆にいえば、四つのアレートの交差点が穂先となっている。氷河という名彫刻家が、技巧を駆使して造りあげた大自然の芸術だ。

だが、そんな感嘆に酔っていた私をビックリさせる言葉が探偵の口から。

「でもさ、ここから見ると槍ヶ岳って相当に変だよね」

変なものか。そんなことをいえば数千万人の槍ヶ岳ファンが怒るぞ。今立ち読み中の人だって、槍大好き人間なら、この本を棚にもどして買ってくれない。陰口はいいが悪口はダメだと教えられなかったのか。とくに槍ヶ岳は、日本の山では一番人気の山なのだぞ。それでも探偵は頑強に主張した。

「だってさ、こんなに傾いて見えるじゃないか」

傾いて見える……？

「そのことを語ろうと思って、ここで休憩を入れた。今見える槍の山頂から垂直線を引いたとすると、左右の稜線とのあいだにできる角度は左側のほうが広い。今度は左右の稜線の中心に線を引くと、かなり右に倒れた線になるよね」

まるで算数の授業だが、確認するとたしかに探偵の指摘どおりだった。ピラミッド型ではあるが、ややバランスに偏りがあるような。

というより、ここ南岳から見た槍ヶ岳ってブッチャケ、かなり不安定な格好だった。まるで東方向にずり落ちていきそうだ。シンメトリーとはいいがたい。槍ヶ岳って倒れていないか？

　少し前の礼讃もどこへやら。もっとも私にはよくあることだ。よくいえば柔軟、変節漢だと誉めてくれる（？）人もいっぱいいる。

「常念岳や双六岳から、つまり東西方向から見るとわからないが、北鎌尾根や南岳、中岳の稜線からの南北方向で観察すると、槍ヶ岳は東側に倒れるようにそびえている。このテーマは地質学の世界でも論議を呼んでいたのだ」

　そういわれても、困っちゃうよね。だって四方向から氷河が山体を削り出したんだ

槍ヶ岳を真南から望むと、槍の中心線が東に傾いている様子がわかる。これは本来垂直だった冷却節理が、東に20度傾動した結果だ

ろう？　削り方の差なんじゃないのか。

「そんな氷河主因説もかつてはあった。でも穂先周辺では、本来垂直であった岩の冷却節理の構造自体も東に倒れこんでいる。ほら小槍の岩峰に発達している縦のクラック、あれはもともと垂直だった。ところが斜め方向に延びている。つまり穂先一帯の岩層全体が、東側に傾斜しているってわけだ」

たしかに小槍の岩壁に刻まれるクラックは、やや傾き気味だ。そうか槍の岩体そのものがそうなっていたのか。単なる思いつきとはいえ、氷河説の雲行きは早くも怪しくなった。

で、次に閃いたのが、覚えたてのこれ。岩層の傾斜なら、さっきあなたが獅子鼻で話していた、溶結凝灰岩層のタワミが原因ではないか。たわんだ結果、全体が東側に大きく傾いたのさ。

「あとでくわしく話すけど、槍の穂先は溶結凝灰岩じゃないんだな。また槍周辺はタワミの中心部から離れていて、その影響はさほど受けなかった」

せっかく仕入れた知識もあっさり否定されてしまった。

「ということは、ボクの出した課題、なんにも考えてなかったってことだな。ほら、南岳斜面の地層が傾いていて、東に二十度ほど傾動しているってやつ。もしかして課題があったことすら覚えていない？」

図星だった。課題などころりと忘れていたのだ。だが、そのあたりは適当にごまかして、そうか傾動ね、槍ヶ岳の穂先が傾いて見える理由も、傾動が犯人ならこの私にも納得できる、何かそんな気も少しはしていたんだよ、と調子を合わせる。とはいえ、なにもわかっていないことはバレバレだ。

そうか、傾動現象とやらは槍と穂高の相当部分に及んでいるのか。前穂高の東面岩壁にも見られるというし――。しかし、こんな広い範囲の地盤全体を東に二十度も傾けるって、かなりのパワーが必要になる。並みの力では考えられないな。なにせ、天下の槍ヶ岳と穂高岳をまとめて傾斜させているんだろう？　桁ちがいの空恐ろしいエネルギーだ。だとすると、槍・穂高を下から押し上げている力が、傾動を起こさせた要因だったという理屈にもなるんじゃないか。

そんな解答を地質探偵ハラヤマにおずおずと上奏すると、「まだまだ」とのご採点。働いた力の仕組みをもっとくわしく、と及第点はもらえなかった。ここはひとまず先生に教えを請いましょう。

「槍・穂高にかぎらず、北アルプス全体を押し上げている力は、ユーラシアプレート[*9]の下に太平洋プレートが沈むことによって生じている」

二〇一一年の東日本大震災は、その太平洋プレートの沈み込み帯で発生した。広範囲な場所で沈み込み帯が一気にずれを生じ、大災害につながったのだ。そんな太平洋プレートの沈み込みが、東方向からの押す力になって、北アルプス全体を隆起させていると探偵ハラヤマはいう。

だが研究者によっては、有名なフォッサマグナと呼ばれる地帯の西縁にある、糸魚川・静岡をつなぐ糸静線に、北アメリカプレートが西へ向かって沈み込んでいるから、

＊9　プレート

地球の表層を覆う厚さ数十キロから200キロの岩盤だ。プレートの下には流動しやすい層(軟弱圏、アセノスフェアともいう)があるため、プレート自身は大きく変形することなくその上を移動していくことができる。なおプレート同士の押し合い、引き合いが地震や山脈の形成などに関与していると考えられている。プレートは海嶺と呼ばれる海底の大山脈の部分で湧出するマグマにより生産され、水平移動した後、日本海溝のような海溝の部分で地球深部(マントル)へ沈み込んでいく。

小槍のクラック。垂直であった岩盤の冷却節理が東に倒れている

北アルプスは持ち上がっていると考える人もいるのだという。

「でもね、いくらボクがその糸静線を調べても、北アメリカプレートが沈み込む構造が発見できなかったんだ。それどころか、最近の断層調査や地震波探査によれば、逆に糸静線の東側の山地（北アメリカプレート側）が断層（東傾斜）を境に、西にのし上がる運動をしていることがわかってきた。そんなこんなで、北アルプスを隆起させたのは、北アメリカプレートではなく、ユーラシアプレートと太平洋プレートのせめぎ合いだとボクは判断している」

さらに続けてこんなことをいった。火山を生むマグマは、プレートの沈み込みの場

槍・穂高傾動モデル断面図

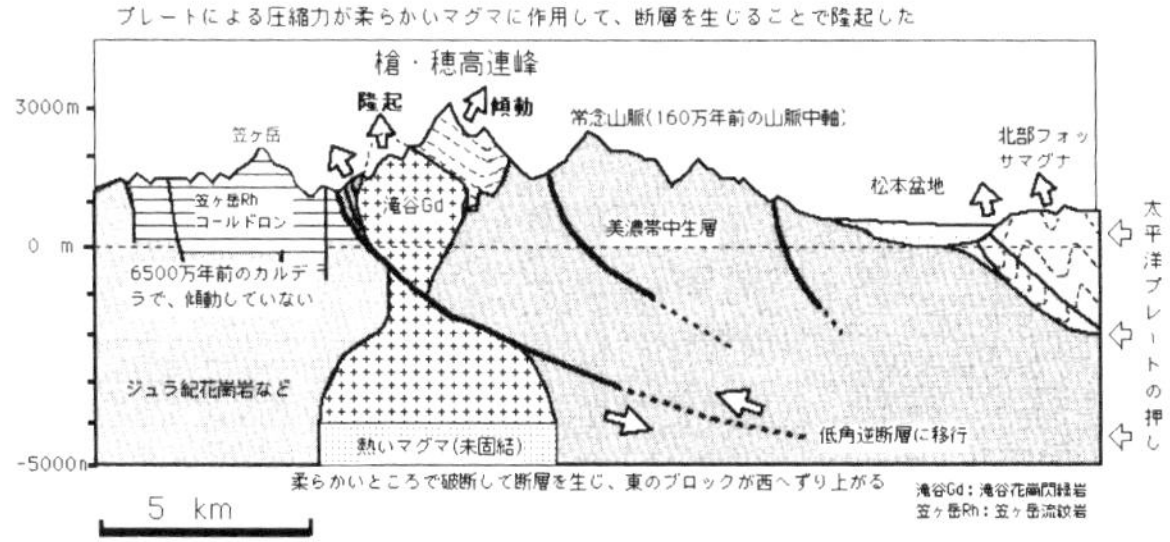

所から一〇〇キロ程度離れないと発生しないもの。焼岳や乗鞍なんていう活火山は、糸静線のすぐ近くに存在するわけで、その点からも糸静線での沈み込みはありえないと判断できる——と。

なお、このあたりの火山形成のメカニズムは、章を改めて語ってもらう。

「さて傾動の件だけど、穂高の下にはマグマの層があるって北穂の山頂でいったよね。マグマは槍ヶ岳の下部にもつながっている。で、マグマがあるってことは、岩盤（硬い地殻）がその分、薄いってことにもなるのだ」

ここで探偵はひと息ついてから話し出した。

「一四〇万年ほど前から始まった本格的な北アルプスの造山活動の過程で、東方向からガンガン沈みこみながら押している太平洋プレートの力が、薄い地殻の部分に集中して破断させ、その破断した断層を境に、地殻が西にずり上がるよう働いたんだな。そんな力が槍・穂高の西側部分を二十度も押し上げた」

つまり東に倒れている、東に向かって傾いていると探偵はいってきたが、正確にいえば、西のほうが持ち上がったということのようだ。しかし、そんな力が北アルプスに作用していたとは。

「どう、これが傾動の仕組みだ。わかったかな。槍・穂高地域では二十度の傾動ですんでいるけど、北アルプスのなかには、八十度というものすごい傾動活動を受けたエリア（第二部参照）もあるんだ」

山体をごっそり丸ごと傾けてしまう傾動現象。そこにプレートが関わっていたなんて、なんてすごい話なのか。その概要はおぼろげながらわかった気がする。さらに探偵の話では、穂高の隣にある笠ヶ岳には、傾動の影響がまったくないという。どうやら働く力にはムラがあるようだ。それはつまり、笠ヶ岳の地下にはマグマがないってことを示しているのだろう。

だが、こんな高尚な問題を課題としてシロートに出す探偵のセンスってなに？わかるわけがないでしょう。でも傾動、ひとつ利口になった気がする。

さて槍ヶ岳である。傾動と今の姿との関係を探偵に説明してもらおう。

「傾動によって岩体全体が東の方に傾き、そのため東側の岩が逆層になった。逆層になると浸食の影響を受けやすくなり、それで東面が西面より削られてしまった。その結果、現在の安定感を欠く姿になったんだね」

ところで読者が気になるのは、槍ヶ岳の傾きが今後強まるかどうかだろう。傾動

傾いた槍ヶ岳のでき方

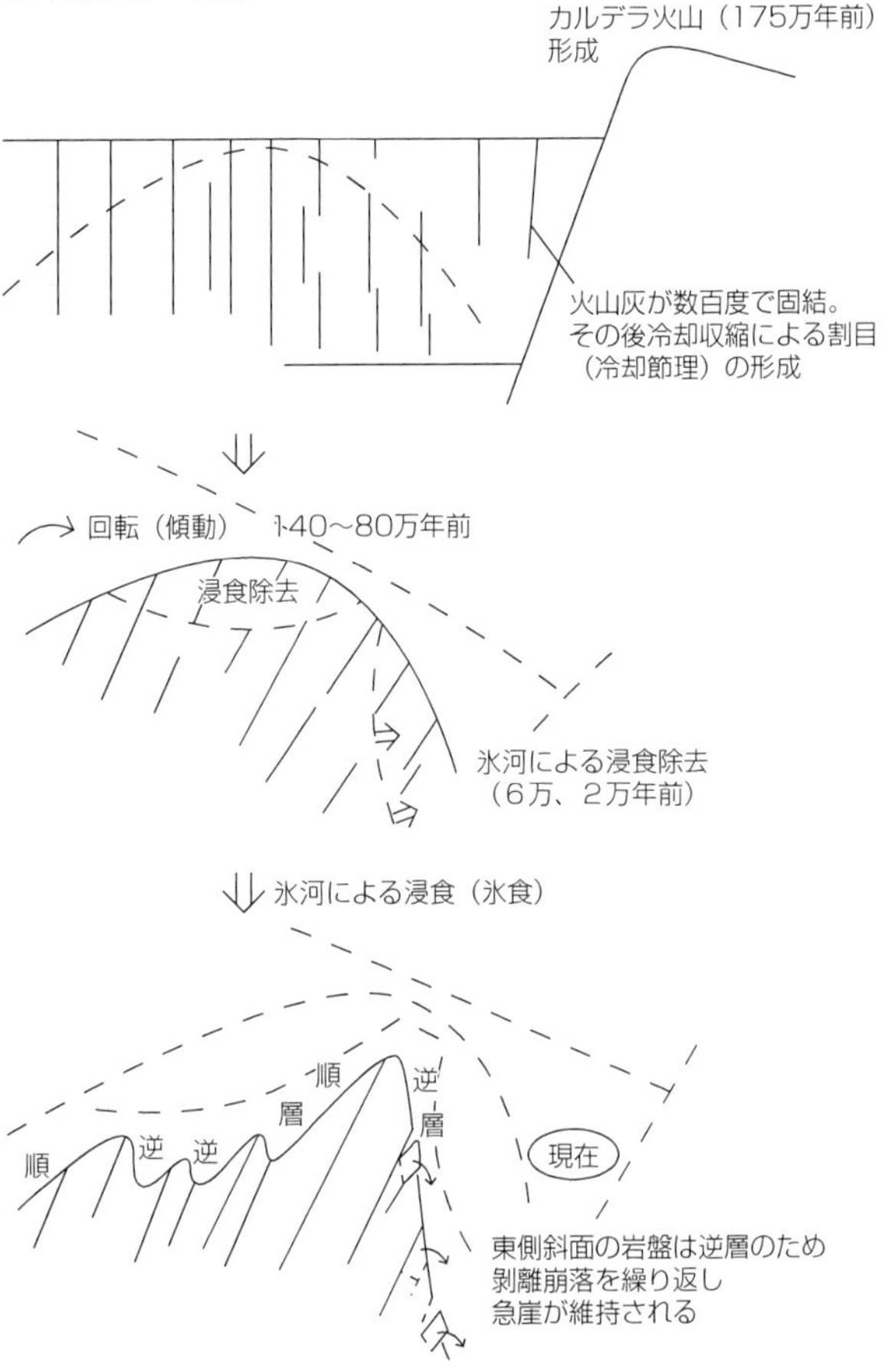
カルデラ火山（175万年前）
形成
火山灰が数百度で固結。
その後冷却収縮による割目
（冷却節理）の形成
回転（傾動）　140～80万年前
浸食除去
氷河による浸食除去
（6万、2万年前）
氷河による浸食（氷食）
順
層
逆
層
順
逆
逆
現在
東側斜面の岩盤は逆層のため
剥離崩落を繰り返し
急崖が維持される

の力が増せば傾斜をより強め、ことによっては将来、完全に倒れてしまうのではないか。私とて気になる。

「槍ヶ岳が倒れるという見方はどうだろう。現状の傾き二十度のままでも、浸食を受けてピークは高度を下げながら徐々に西側に移っていく。また傾動が強まれば、西へのピーク移動は加速して、残念ながら穂先の消滅を早めてしまうだろうな」

前述したように、地質学者たちの調査では、傾動を含め、現在、北アルプスに大きく地形を変えるような力は加わっていないとのことである。

だが、傾動が強まらなくても、北アルプスの象徴、槍の穂先もいつかは消えてなくなってしまう。気持ちが落ちこみそうになったが、必死に立て直し、その槍ヶ岳に向けて歩き出そう。たとえ傾いていても、槍は槍である。

穂先の根元に残る巨大断層の意味

中岳、大喰岳を越え、今宵の宿泊所となる槍ヶ岳山荘はもう近い。夕暮れにはまだ時間があるから、小屋に荷物を置き、今日中に槍の穂先に登っておくのもいいだろう。そういえば槍ヶ岳の山頂も久しぶりだ。

　ところが、だった。小屋のすぐ南に位置する飛騨乗越に向かって下っていたとき、探偵が「ここだ、ここ」といって急に立ち止まり、ザックを下ろして講義モードに入った。こうなると誰も止められない。

　場所は大喰岳から来て、飛騨乗越の六〇メートルほど手前。小さな鞍部になっているが、これといっておもしろみのない場所だ。探偵はそばにある岩を指していった。

「この岩石の説明から始めないといけないな」

　探偵が指摘した岩は平らな面が幾重にも重なり合い、まるで本を積み上げたような

飛騨乗越付近から槍ヶ岳山荘にかけて露出する槍ヶ岳結晶片岩

飛騨乗越付近で見出される槍ヶ岳結晶片岩

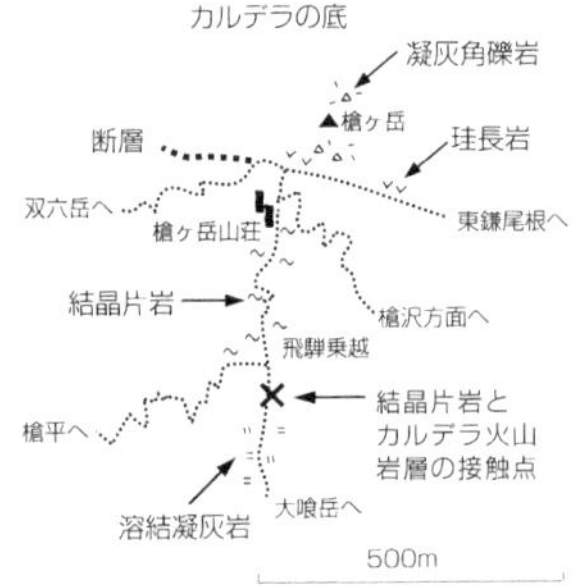

構造だった。表面はかなりツルツルしている。今回の地質ツアーで見てきた石とは、質感からいっても異なっていた。結晶片岩の仲間で、緑色をしているところから緑色片岩と呼ばれるそうだ。たしかにグリーン系の色をしている。

「ここにある緑色片岩を含めて、結晶片岩は地下深くにあった石がプレート移動などの巨大な力によって圧力を受けたため、もとの岩石の性質が変わってしまった。学校で習ったと思うけど、変成岩といわれる岩石の一種だよ」

変成岩については習った気もするし、習わなかった気もする。なにせ地学は爆睡タイムだったからな。さらに、探偵いわく

結晶片岩と溶結凝灰岩の境界

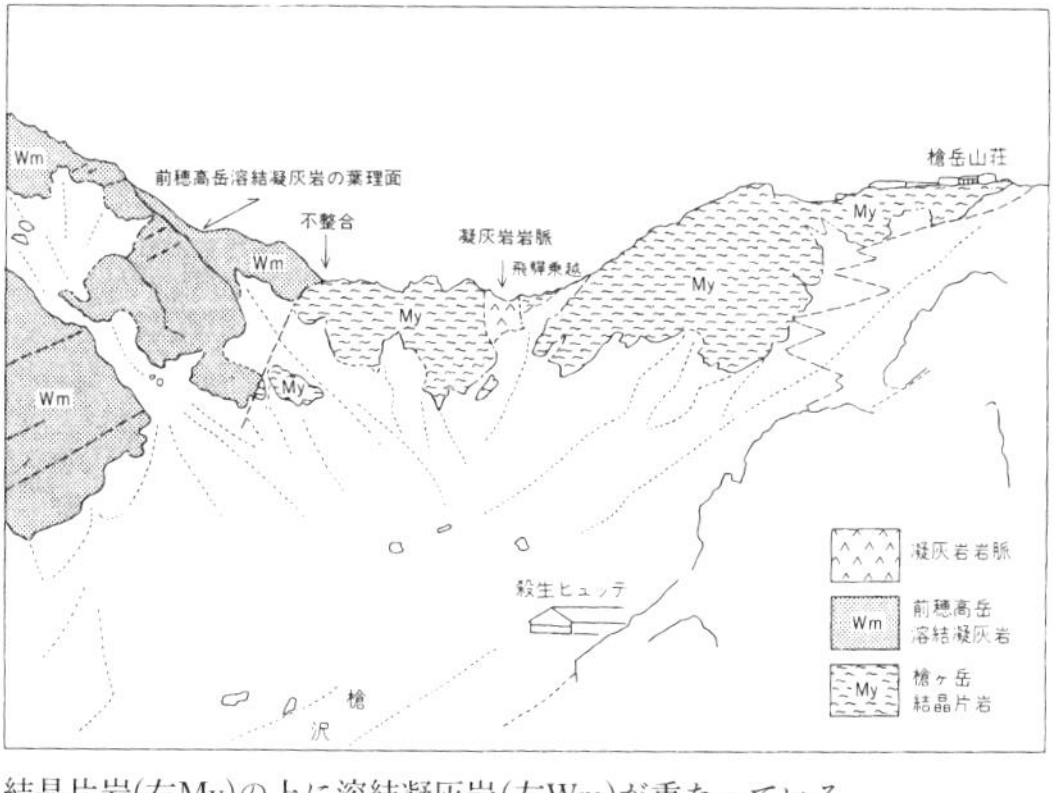

結晶片岩(右My)の上に溶結凝灰岩(左Wm)が重なっている

――。

「この石が造られたのは三億年ほど前だろう。もっと古かったかもしれないな。そのころ日本列島は、まだロシアの沿海州の一部だったから、大陸の地下深くの場所で生まれたと考えられる。それが列島の移動にともない、ここまで運ばれてきたってわけ。結晶片岩は日本列島を形づくる重要な土台石のひとつで、槍・穂高火山が出現する以前から岩盤を形成していた。すなわち槍・穂高カルデラを囲い込む、器にもなっている岩石のひとつだよ」

さらっといってのけたが、探偵は日本列島の形成にふれている。でも三億年だの、沿海州だの、日本の土台石だの……。頭に

移動前後の日本列島

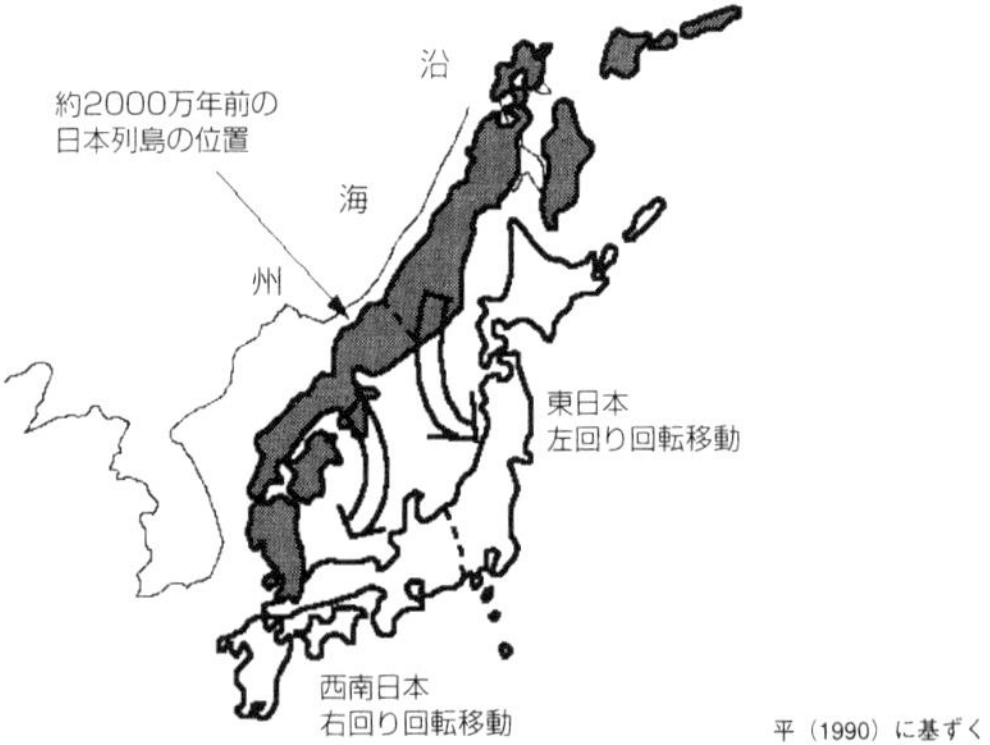

1500万年前に生じた沿海州からの日本列島の分離と日本海の生成。移動前と移動後の日本列島を示す

すんなりと入っていかない。さらにそんな結晶片岩が、ここ三〇〇〇メートルの稜線にあることもミステリーではないか。

探偵には不思議でも何でもないようだ。列島の基盤を造る土台石がここまでもち上げられるほど、槍ヶ岳周辺の造山活動が活発だったのさ、と涼しい顔である。ちなみに、沿海州にくっついていた日本列島が、地殻変動で現在の場所にたどり着いたのは一五〇〇万年前のことだった。この数字は北アルプスの歴史を語る際に重要だから、しっかり頭に入れておいてほしいと探偵は念を押す。

ハイハイ、一五〇〇万年前ね。しかし、日本列島は大陸からの流れ者だったとはね。ビックリが連続する今回の地質ツアーである。

「ところで、こっちのほうにも注目してほしい」

探偵に導かれて、大喰岳方向に数歩もどる。そこには北穂山頂以来、お馴染みになった溶結凝灰岩の地層があった。つまり、ここから大喰岳にかけては溶結凝灰岩、鞍部から槍ヶ岳方向には緑色片岩が露出しているってことになる。探偵にうながされて、ふたつの岩石のコンタクトラインに沿って槍沢方面に少し下ってみた。

「溶結凝灰岩層と緑色片岩は直接接していて、緑色片岩の上に、溶結凝灰岩が被さる構造だ。これって本当におもしろい」

日本列島の移動話で、すでに頭がトロトロになった私には、登山の疲れも重なって、何がおもしろいのかを考える力さえ残っていない。頭脳の処理能力が追いつかないのだ。探偵に弱々しい視線を送り、レスキューボートを出してもらう。このままでは地質学の海で遭難しそうだ。

「だってさ、カルデラを埋めていた溶結凝灰岩がこの場所で途切れ、カルデラの器を形づくる緑色片岩が顔を見せているのだよ。どういうことなんだろう？」

さすがに、ピンときた。そうだとしたら、ここが槍・穂高火山の巨大カルデラの底ってことなのか――!?

「その説も十分に考えられるね。かなり説得力のある見方だ。でもカルデラの底ではなく、カルデラの外壁が倒れてきて、ここに現われているだけかもしれない。現在、鋭意研究中といっておこう」

地質探偵も、すべてお見通しというわけではなかった。実際、飛騨乗越周辺は、カルデラ全体の北の縁に近いと探偵はいう。だからカルデラ壁だった緑色片岩が崩れてここにあっても、奇妙ではないのだそうだ。

でもここがカルデラの底だったとしたら、とんでもない事態が起きたことになる。頑強な溶結凝灰岩を埋積し、三〇〇〇メートルも高さがあった巨大なカルデラが、その土台をすっかりさらしているのだから。恐るべき浸食の力だ。ショックだったが気分を切り替え、縦走路にもどって結晶片岩の露頭を追うことにした。

ちなみに槍沢の上部にある、槍ヶ岳を江戸時代後期に開山した播隆がこもった岩小屋は、カルデラの東の壁が崩れて、それが固まってできた礫岩で造られているとのことだ。以前に一度訪れたことがあるが、拳大の石が互いにくっつきあった大岩が、岩小屋の屋根をなしていた。

播隆が槍ヶ岳初登頂の際に利用した岩小屋—播隆窟。クラックの乏しい角礫岩から成り、これはカルデラ形成時にカルデラ壁が崩壊してできた

飛騨乗越までは緑色片岩が続いていたが、鞍部となっている乗越そのものは、白色の岩石で構成されている。緑色片岩の岩体の割れ目に、火山灰などが入り込んでできた凝灰岩系の岩なのだそうだ。

乗越を過ぎると、また結晶片岩が現われて、それが槍ヶ岳山荘まで続いていた。ただし、同じ結晶片岩でも、飛騨乗越周辺の緑色片岩ではなく、種類の異なる砂泥《さでい》質片岩《しっへんがん》だと探偵はいった。緑色片岩から砂泥質片岩へ。この石も日本列島の土台のひとつだとか。生成年代も古く、同じくカルデラの外壁を構成する。白黒の縞模様が特徴的だろうと指摘されても、そのちがいは正直いって私にはわからなかった。岩質のチェックって難しいな。それに、いろんな岩石が登場しすぎだ。

小屋にザックを預け、砂泥質片岩とやらを追跡する。その岩は槍の穂先の基部まで延びていた。でも穂先自体は別の岩でできているようだ。傾動のところで、探偵は槍の穂先は溶結凝灰岩ではないといっていた。つまり穂高とは異なった岩石で構成されているってことになる。では、その岩はなに?

「穂先は凝灰角礫岩《かくれきがん》という岩で造られていて、花崗岩や頁岩《けつがん》といった岩片を含んでいる。火砕流が噴出した際に、もともと周囲にあった岩石も巻き込み、それが火山灰とともにカルデラ内に堆積した。その後、固結して凝灰角礫岩という一連の地層になったが、この岩は非常に硬い性質をもっている。釜トンネルも同じ岩質で、トンネルが難工事だったのも岩があまりに硬質だったからだよ」

さらに凝灰角礫岩は、槍ヶ岳から北に延びる北鎌尾根のほとんどを造っているという。穂先の基部から少し登り、凝灰角礫岩とやらを手で叩いてみた。本当に硬い岩である。穂高の溶結凝灰岩は若干緑色を帯びていたが、この岩はいろんな岩質が混然一体となっていて全体的にグレーに見える。

そこでふと思った。槍の穂先はこの凝灰角礫岩、そして基部はカルデラの器でもあ

槍の穂先への登山道で見られる凝灰角礫岩

る砂泥質片岩だ。穂先は砂泥質片岩という超古い岩体にちょこんと載っているってことなの？

「ここ穂先の根元に来たのは、そのあたりを説明するためだった。ちょっとあそこを見てよ」

探偵が指したのは、まさに穂先の付け根の部分に走る白い岩盤だった。

「この岩脈[*10]はとんでもない事実を示している」

白い岩の名前は珪長岩《けいちょうがん》といって、マグマが固まってできた火成岩の一種とのことだ。しかし、何でこんなところにマグマが流れ込んでいるの？

「断層という割れ目をたどって浸入してき

大喰岳から槍ヶ岳にかけての地下断面

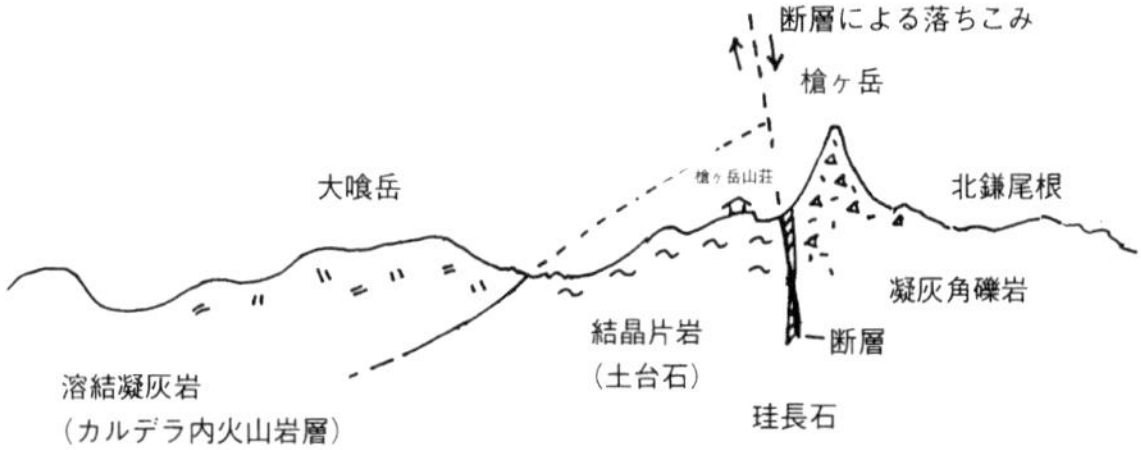

た岩脈なのだ。まっ、そんな珪長岩のことより、断層があるってことのほうが重大さ。断層は東鎌尾根と西鎌尾根に沿うように東西方向に延びている。で、穂先から北鎌尾根の全体が、この断層線を境に滑り落ちていたんだな。ボクもそれを知ったとき、大いに驚いた」

そんなことが起きたのか。穂先は砂泥質片岩の上に載っていたわけではなかった。ただただ呆気にとられてしまった。しかし断層で驚いたのは序の口だった。

「キミは穂高の溶結凝灰岩が槍では姿を消し、かわって凝灰角礫岩が主役になる点に疑問を感じないか」

いわれてみれば、そのとおりである。穂先一帯には溶結凝灰岩がない。浸食で失われたのか、それとも凝灰角礫岩の下方にあるのか。

「その問題はかなり重要で、溶結凝灰岩は浸食で失われたわけでも、下にあるわけでもない。実は地質的に相当検討を要するテーマだが、ボクは今現在こう考えている。溶結凝灰岩を造ったカルデラと凝灰角礫岩を造ったカルデラは、一連の巨大カ

＊10　岩脈

マグマが地下から上昇するとき、平板状の割れ目を通過してくることが多いが、その割れ目のなかでマグマが固結すると、結果として平板状の産状を示す火成岩が形成される。これを岩脈と称している。地質学の分野では、ある岩石中の割れ目に沿って後から浸入した産状が見いだされたとき、含まれる物質の名前を付けて石英(せきえい)脈、方解石(ほうかいせき)脈などのように呼んでいる。

ルデラではあるが、二回目の噴火と関連して個別に誕生したのではないか。つまり穂高から続いてきたカルデラは槍ヶ岳山荘付近が北限となり、穂先の根本にある断層を境に、北側に凝灰角礫岩を主とする新たなカルデラの陥没が生じた」

つまり新カルデラの誕生を告げるのが、穂先根元にある断層だった。槍の穂先を含む巨大な岩体が、この断層を境に新カルデラを生み出しながら沈み込んでいったというわけだ。このとき槍・穂高巨大カルデラは、北に拡大されたことになった。

とはいえ、穂先から北鎌尾根にかけてのカルデラの形成については、探偵も確証を得られていないとか。あくまで仮説ということになるだろう。

「でも、そう考えないと、いろんなことが説明できない」

穂先から北鎌尾根にかけてのこのカルデラも、全体からいえば槍・穂高火山活動の一環であり、巨大カルデラの一部になると探偵はつけ加えた。巨大カルデラの地域差ととらえるべきか。その槍以北のカルデラを含めて、「槍・穂高複合カルデラ」という構図だ。

次々に起こるメガスケールのイベントに想像力がとてもついていけない。午後の斜光線でアンバーに色づき始めた槍の上部に、ぽっかりと雲が浮かぶ。そんな風景とは裏腹な地質的大事件が、かつてここでも起きていた。

北穂の山頂から槍の穂先に至る地質ツアーは、驚きのジェットコースターだった。しかしもっとも胸をついたのは、浸食によって姿を変えていく山の姿である。たとえばカルデラを埋めていた、威容を誇る厚さ一五〇〇メートルの溶結凝灰岩さえ浸食によって完全に姿を消す。そして槍ヶ岳の穂先さえも、いつかは消滅してしまうのだ。

意志をもつような大岩壁、そして神々しくそびえる尖塔も、ただ春の夜の夢。満開の花が散るように、痕跡を残さず霧散してしまう。心のなかに無常観が広がった。探偵のザックからポケット瓶を探し出し、熱い液体を喉元に流し込む。

そんな私を見て、地質探偵が話しかけてきた。

「今ある山の姿は、大きな造山活動の一場面でしかない。山頂だって、さまざまなファクターでたまたま出現したものだ。でも山は変化する過程のなかで、いつも満開の花を見せてくれている。今ある山の姿を受け入れて、ただたたずまいをそのまま愛せばいいとボクは思っているよ」

そのひと言で、私はなんとか気分をもち直すことができた。穂先に登るのは明日にして、早く小屋に入って酒飲んで寝よう。それに今日はいろんなことを頭に詰め込みすぎて、知恵熱状態だ。穂先に登る力が湧いてこない。講義もここまで。

その夜見た夢はものすごいものだった。私の立っているそばで、突然高熱の火山灰や火山礫が天高く吹き上がり、阿鼻叫喚の地獄と化した。そして同時に足元が陥没し、巨大なカルデラが誕生した。そこに火山灰がどばどばと降っていき、やがて層厚一五〇〇メートルの溶結凝灰岩ができ上がる。

岩体を抱え込んだカルデラはしだいに隆起していくが、それにともなって浸食も受け、岩体はばさばさと削られていった。その後、時間を経て、槍の穂先だけがぽつんと立っていた。だがそんな火山の記憶を留める記念碑のような穂先も砂の城のように崩れ去り、ただ虚無の闇だけが広がる――。

そこで目覚めたが、探偵によると、私は随分うなされていたようだ。ひとり小屋を抜け出して穂先を見上げた。すべては流転だが、山は姿を変え別の顔でそびえる。探偵のいったように、それをただ愛すればいいのだろう。穂先は満天の星に包まれて、流れ星がその先端をかすめて飛び去っていった。

秘められた「世界記録」が眠る山

日本列島で起きた最も大規模な噴火のひとつ、それが槍・穂高を生み出したカルデラ火山だった。前後2回の噴出でトータル700立方キロの火山灰を吐き出し、激しさは世界ランク級だと地質探偵はいう。

加えて、この火山には世界の学者が注目する特別な理由もあった。地質学の常識では考えられない事態がこの山域で起きていたのだ。それを発見したのが地質探偵ハラヤマこと原山教授。彼が語る「衝撃の事実」とは——。

[STAGE 3]
- 1日目／上高地→横尾(泊)
- 2日目／横尾→涸沢→穂高岳山荘(泊)
- 3日目／穂高岳山荘→奥穂高岳→西穂高岳→西穂山荘(泊)
- 4日目／西穂山荘→上高地→明神周辺を散策

王国に忍びこんできた「脇役」

地質探偵ハラヤマと私は、奥穂高岳の山頂にいる。地質ツアーの第二回目は、奥穂から西穂経由で上高地に下るというものだ。重要な地質的ポイントをそろえたというが、詳細はまったく不明。私には単なる奥穂↓西穂コースにしか思えないが、まあ楽しみにしていよう。

今回も幸い好天に恵まれた。起点となる上高地を出発し、横尾山荘で一泊した私たちは、涸沢を経て、昨夜は穂高岳山荘に宿泊した。

穂高岳山荘を早朝に発つつもりが、いつ

奥穂高岳から望むジャンダルムの岩峰

もの私のペースで出発は遅くなった。よい子たちは早発ち、早着を基本にしよう。それでも九時には標高日本第三位、奥穂の頂に立つことができたのだから、かろうじて勤勉な登山者の部類に入るだろう。

目の前には怪峰ジャンダルムが天に翼を広げる。大地の骨を剝き出しにし、見る者を威圧する。ここも岩登りのゲレンデとして知られ、私は登ったことはないが、滝谷や前穂高岳東面の壁より岩質的には安定しているという。

「このジャンダルム周辺は、穂高のなかではスペシャルな場所なのさ。それをレクチャーするためにここにやってきた。ジャンダルムの壁をよく観察しよう」

探偵の講義が始まったようだ。でも観察しようって、学校の先生みたいないい方だ。オット、探偵は先生も先生、大学の教授だっけ。

ジャンダルムの岩峰の特徴は、一見してわかる縦方向に延びる多くのクラックだ。穂高の岩場のなかでも、こんなにクラックが発達した岩壁はほかにない。何か地質的な事件があって、こんな姿カタチをしているのだろうか。探偵とつきあっていると、たとえこの岩峰全体が九十度回転したといわれても、もう驚きはしない。地質の世界では、実際思いがけないことが起きるのだ。そこがこの学問の醍醐味といっていいのかもしれない。

それにしても、どうしてこんなに縦の割れ目だらけなのだろう。

「穂高の他地域の岩壁に比べてクラックが顕著なのは、そもそもクラックができやすい岩だからだよ」

あまりにシンプルな探偵の答えに、肩の力が抜けてしまう。しかし、穂高を造っているほとんどの岩は、溶結凝灰岩だとここまでさんざん聞かされてきた。では、これは例外ってやつなのか？

「岩体としては、槍・穂高で一番大きな例外物件だね」

では、その正体は何物か——？

「閃緑斑岩《せんりょくはんがん》という岩で、マグマが地中で冷えて固まったものだよ。冷えたときに急に体積が縮んで、その収縮作用によって、垂直方向にたくさんの節理を造った。それが縦方向に走っているクラックの成因というわけだね」

ジャンダルムの垂直方向にできた無数の割れ目は、マグマの高熱の記憶ってことなのか。しかし、火山灰がもとになってできた溶結凝灰岩の王国の穂高に、なぜそんな閃緑斑岩の岩体が出現したのだろう。ジャンダルムだけが、別の火山って可能性はないのか？

「考えすぎだよ。閃緑斑岩の岩体はジャンダルムだけでなく、北の滝谷の中流域から下流近くにまで広がっているんだ。岳沢の最上部や、西穂の間ノ岳のコルまでの岩稜帯もこの岩が造っている」

それって、結構広いエリアじゃないか。でも閃緑斑岩ってどんな石なんだろう。それを耳にすると、「じゃ、見にいこう」と探偵は歩き出した。

奥穂の山頂から西穂への縦走路を三分も下らない場所に、閃緑斑岩の露頭はあった。岩屑で被われているためにわからなかったが、奥穂高の岐阜県側の上部（奥穂山頂のすぐ直下まで）は、この岩石で占められて

溶結凝灰岩と閃緑斑岩の境界位置

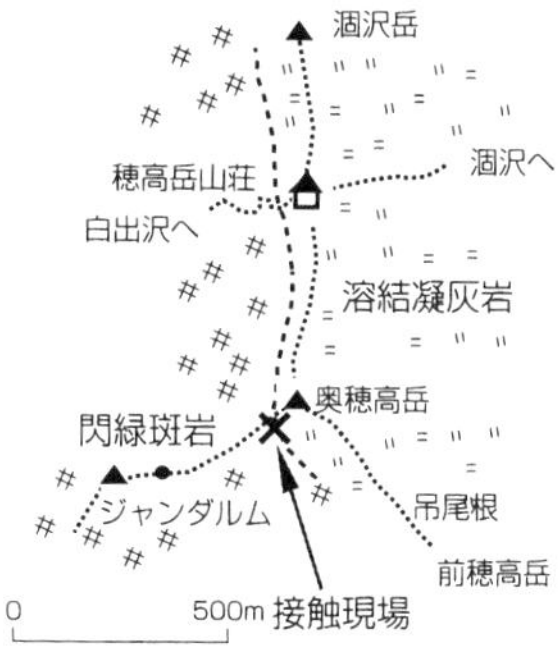

閃緑斑岩の分布域

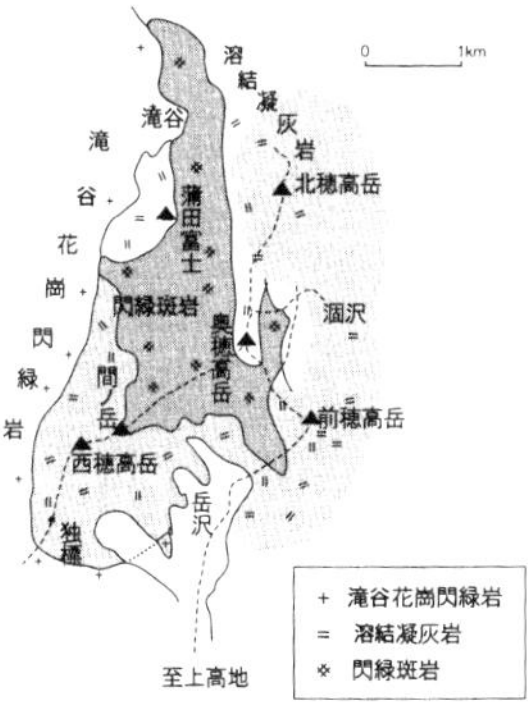

いたのだ。石は固く緻密で、溶結凝灰岩よりも心なしか白っぽい。

探偵の話では、この岩石ならヒン岩と呼んでもかまわないという。ただしヒン岩という名称そのものが、地質学界では使われなくなってきた。探偵が語った専門的な話をそのまま流用すると、「閃緑岩質で斑状組織の顕著な岩石」という意味の、閃緑斑岩という呼称が業界の共通認識になっているそうだ。

いわばヒン岩は「死語」であり、ガイドブックなんかを書く人は、もうこの用語を使わないほうがいいだろう。かつてヒン岩と呼んだ岩の正体は溶結凝灰岩だったわけだしさ。それにしても、この溶結凝灰岩ってやつも長ったらしくて舌をかみそうだ。もし彗星のように発見者に命名の権利があるのなら、「穂高ハラヤマ石」にすればいい。そんなジョークに、地質探偵ハラヤマは苦笑した。もっとも探偵が構造を解明したり、もっている意味合いを見つけたりした「ハラヤマ石」は、他にもいっぱいあるようだ。ハラヤマ石一号、二号もバカバカしいか。

さて、そんな閃緑斑岩の分布する地域は、かなり広範囲にわたる。こんなに大きな岩体なのに、「槍・穂高のほとんどは溶結凝灰岩で構成される」という主張は妥当性を欠くんじゃないだろうか。そこが少し心配になってきた。

「層厚一五〇〇メートルの溶結凝灰岩の主役に対し、その量からいって、せいぜい紛れ込んできた脇役ってところだな」

紛れ込んだ、という言葉が気になったので追求すると、探偵は次のように語った。この岩体は、巨大な溶結凝灰岩の岩層内にできた割れ目を伝わって、地下から浸入してきたマグマが層内で固まったものだという。その点からいっても脇役にすぎないと、探偵は譲らない。主役はやっぱり溶結凝灰岩だった。

ちなみに、このマグマがカルデラ内の火山岩層に貫入したのは、槍・穂高噴火の数万年後、今から約一七〇万年前のことだという。巨大カルデラが形成されたときから六万年後ということになる。

マグマは地表に噴き出しはしなかったが、岩石のさまざまな性質がカルデラを埋める溶結凝灰岩とよく似ていて、とくに溶結凝灰岩の特色である本質レンズの部分の成分と、見分けがつきにくいほど類似しているという。

その意味で、溶結凝灰岩とは、同じマグマを母体とする兄弟分というべきかもしれないと探偵は話す。上部にあった分厚い溶結凝灰岩層が浸食で姿を消し、それで地表に岩体として姿を現わした。聞いてすっきりの探偵の解説だが、徹底した調査の裏づけがないとこうはいかないだろう。

ところで、かつて探偵の調査に同行して、滝谷の出合から北穂高の山頂までを踏破したことがあった。下部の雄滝は越えたものの、中間の滑滝で夜になってしまい、両岸切り立つ蛸壺のような場所でビバークさせられたものだ。

さっき探偵は、閃緑斑岩の岩体は滝谷の中流域から下流近くにまで広がっているといったが、滝谷の岩壁部を構成する上部は溶結凝灰岩でできている。あのときの調査は、その溶結凝灰岩と後から岩体内に割りこんできた、閃緑斑岩との境を探すためのものだったんだな。今にしてそれに気づいた。

滝谷・雄滝。落差約90メートル。雄滝は滝谷花崗閃緑岩でできている

滝谷中段の滑滝周辺は閃緑斑岩で構成される

「ビバークした滑滝の両岸に切り立つ壁は閃緑斑岩で造られているが、垂直の節理がすごかったよね。でも、あのときの調査にはもうひとつ重要な意味があり、そのデータ収集も大きな目的だった。フィールドワークの結果、わかった衝撃の事実。くわしい話はこの先の現場で説明させてもらうよ」

地形の変化を引き起こしたもの

奥穂高岳から西穂高岳の岩稜を通過するこの縦走路は、悪場が連続して、北アルプスでももっとも困難なコースに挙げられる。

転落事故も起きていて、安穏としてはいられない。とくにジャンダルム周辺、ロバの耳の鎖場、天狗岳の逆層の下降あたりがいやらしい。大キレットのルートよりも、一段格上に思える。ギャグを繰り出す余裕もなくなった探偵と私は、次々に立ちふさがる悪場を懸命に越えていく。

探偵の講義はいっこうに再開されない。間ノ岳と西穂主峰のコルで、閃緑斑岩と再び登場した溶結凝灰岩の境界を指摘しただけだった。とはいえ、そんな境界があるるとは、今まで露知らず。教えられることが多い。

ちなみに岳沢の左上にそびえる畳岩の岩壁は、下部の緩やかなスラブ帯が溶結凝灰岩、上部の切り立った部分は閃緑斑岩で構成されているという。岩質のちがいが、壁の傾斜の差となって現われていた。こんなことも地質学は説明してくれる。

再び溶結凝灰岩から変化し、ジャンダルムと同じ閃緑斑岩で造られた西穂高岳の頂上を過ぎ、いつしか西穂の独標まで来てしまった。悪場越えに気をとられ、探偵も「衝撃の事実」とやらの発表を忘れてしまったのだろうか。西穂の独標から先は一気に山容も緩やかになって、地形も退屈なものになる。

奥穂からここまで厳しい岩稜帯が続き、思いのほか時間がかかった。日も傾き始めている。夏山とはいえ、のんびりはしていられないのだ。今夜のねぐら、西穂山荘に急いで下ろう。ところが……だった。探偵がいきなり口を開いた。

「さっ、いよいよ本番だ。よく岩を見ていってくれ」

独標は西穂高の最後のピークだ。目の前にはただ急な斜面が広がり、その下部からは高原状となっている。とくに地質的な妙味があるような場所には見えない。

独標を発った私たちはちょっとした鎖場を経て、ガラガラと岩屑が積み重なる斜面を下りていった。斜面につけられた登山道をたどる途中、探偵はふいに転石を拾って私に手渡した。

「ほら、石の色が溶結凝灰岩とはちがっているよね」

暗灰色というのだろうか、溶結凝灰岩の緑灰色よりも黒みを帯びている。

「溶結凝灰岩が地中で熱を受け、性質が変わったんだよ。変成岩ってやつだね」

でも、〝溶結〟ってやつは名前のとおり、自らの熱で火山灰がくっついて固まったものだよね。それがもう一度熱で変成するってアリなの？

「火山灰が溶結したときは、熱をもっていたのは長くても数百年間にすぎなかったが、さらに数万から数十万年の長い時間焼き続けられれば、どうしても熱変成してしまうものさ。でも、何がいったい溶結凝灰岩を焼いたんだろうか」

そういったまま何の説明もなく、斜面をどんどん下りていってしまう。歩きにくい岩屑斜面もようやく終盤にさしかかったときだ。

「ほらほら、やっと出てきたぞ」

そう告げて、黒い斑点が顕著な、やや灰色を帯びた岩石を私に見せた。

御影石の仲間で、花崗岩の一種だという。上高地でもよく見かける石だ。周囲を見まわすと、黒っぽい溶結凝灰岩から変化した変成岩の岩屑のなかに、この花崗岩の塊がぼつぼつと交ざり出した。さらに下方にいくほど花崗岩の岩屑が増えていき、斜面が終わって平らになる部分では、ほとんどが花崗岩ばかりになった。

溶結凝灰岩から変化した変成岩の岩屑は、厚さ一〇メートルも積もっているそうだ。そのため変成岩と花崗岩の境界は識別できなかったが、独標の斜面のどこかで岩層が変わっていたのだ。ここから上高地までは、この花崗岩系の岩で構成されるとか。いよいよ溶結凝灰岩クンとも、この場所でサヨナラってわけだ。

探偵ハラヤマは、その花崗岩系の岩が露

雲の中に見え隠れしているピークが西穂山頂。手前の大きな斜面に穂高カルデラの溶結凝灰岩と滝谷花崗閃緑岩の接触境界がある

出している岩盤に私を連れていき、きれいに発達した縦の柱状節理を示した。

「よく見ると節理の面がここでも傾いているよね。以前、槍ヶ岳で話した東方向への傾動。あれがこの地層にも働いているのさ。傾きはやっぱり約二十度だ」

　穂高のはずれに近いこんな場所にまで、傾動は影響を及ぼしていたのか。ユーラシアプレートと太平洋プレートが織りなす、猛烈な造山活動の一端がここにも顔をのぞかせていた。

　ところで、と探偵は口ぶりを変え、こんな話題を振ってきた。

「西穂独標までは鋭い岩稜が続いてきたけど、独標からは急に丸みを帯びた地形にな

独標付近の南北地下断面

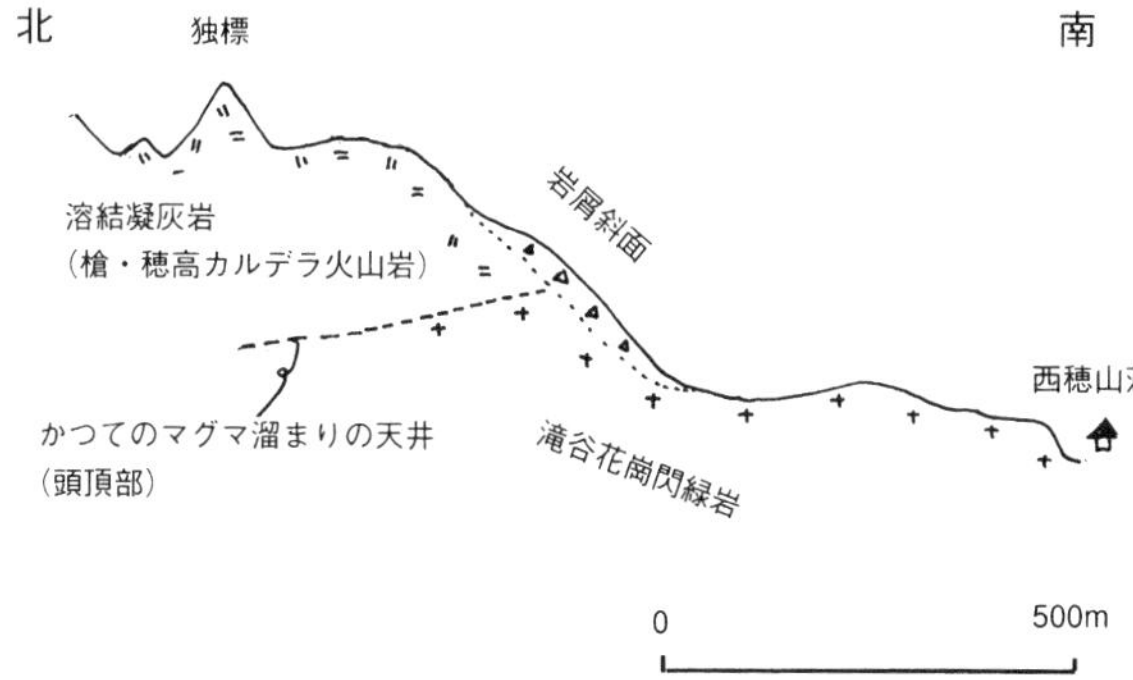

った。このガラッと変化する理由、わかる？」

溶結凝灰岩から花崗岩系に急に変わったのだから、謎を解くカギはそれしかない。というより、それ以外には思いつかない。

「そう、そういうことなんだけど……」

たまには私も当たることがあるようだ。しかし地形が変化するメカニズムまではわからなかった。探偵にその理由を解説してもらう。

地下深くにあったマグマが何十万年もかかってゆっくり冷え、その過程で雲母や石英などの結晶を大きく成長させていった——それが花崗岩系の岩だという。だが結晶が大きいということは、浸食に弱いってことでもある。それぞれの結晶の膨張率がちがうから、地表で激しい温度変化にさらされると、結晶と結晶のあいだに膨張率によるズレが生じ、力学的に自壊しやすくなるのだそうだ。

人間の組織でも、自己主張の強いやつばかりだと内部崩壊を起こすじゃないか。あれと基本的に同じなんだろうな。私はそんな理屈で納得した。

だから花崗岩系の岩は、表面からボロボロと崩れていきやすい。工事で削った切り通しの崖も、十年たたないうちにマサ化現象（砂状になること）が起きてくることがよくあるそうだ。独標から下が一転して高原状になるのも、花崗岩系地帯特有の砂状化しやすい性格ゆえだった。

対して独標から上部は、風化には強いが、節理の発達でブロックごと崩壊する溶結凝灰岩や閃緑斑岩の地帯になっている。そのため岩稜や岩塔などの険しい地形を造りやすい。西穂の地形のコントラストの理由は、そんな岩質のちがいにあった。

ここ独標周辺にかぎらず、畳岩がそうだったように、地形変化はしばしば岩質の差が原因となる。そのあたりをチェックしながら歩けば、もっと登山が楽しくなるだろう。そう地質探偵ハラヤマは語った。

ちなみに、北アルプス北部の剱岳近くに

西から望む西穂高岳。右側の斜面がなだらかになるのは、岩質が変わるためだ

ある真砂岳の名前のゆらいは、マサ化現象の「マサ」からきているそうだ。いうまでもなく花崗岩系の岩石でできていて、山名から砂上化している様子がわかっておもしろい。マサ化ね、これもいいことを覚えた。私の知識は次々に増えていく。

槍・穂高火山の「犯人」をつかまえた

独標南斜面を境にした、地形が大きく変化する理由は納得できた。これから山にいって地形ががらりと変わったら、その点に注意を払ってみよう。

でも、探偵は先ほど、「何が溶結凝灰岩を焼いたのか」といっていた。これが地質的大事件なのだろう。それを指摘すると、「話はいよいよ佳境に入る」と探偵にいわれ、花崗岩の露頭から下って、広場のようなところにふたりは腰かけた。

この場所からは、私たちが下りてきた岩屑斜面に、ジグザグとつけられた登山道が一望できる。斜面の上には西穂山頂と独標の頂が顔をのぞかせていた。

探偵は周辺に広がるマサ化によってできた花崗岩の砂礫を手の平に盛り、それを見つめながら話し出した。

「岩屑斜面の上部のほうに堆積していた、熱変成を受けた岩石の件だけど、それを高熱で焼いたやつの正体は、もうキミもわかったと思う。そう、すぐ直下にある花崗岩系のこの岩だ。マグマが固まるときには、周囲にものすごい熱を発する。それでみごとにコンガリ焼けた。溶結凝灰岩の〝顔黒派《ガングロ》〟だったりして」

オヤジギャグを軽くかました探偵は、照れ隠しに再び「いよいよ佳境だ」を繰り返した後、思いもかけないことを語り始めた。

「花崗岩の砂に姿を変えているけど、これがドロドロのマグマだったころ、思い切り大暴れしてくれたんだよ。槍・穂高火山の大元だったのだから。火砕流を広範囲な場所に猛烈にぶち撒《ま》いた元凶であり、深さ三〇〇〇メートルの巨大カルデラを形成し、そのなかに穂高の山体となる溶結凝灰岩ができたのも、元はといえばそのマグマが活動を開始したからだった」

探偵はそこでひと息つくと、こんな言葉をつけ加えた。

「マグマはたしかに広い場所に厄災をもたらしたが、同時に今の美しい槍・穂高連峰を生み出した偉大な母でもあった」

私も同感だった。さらに続けて、

「カルデラに火砕流を供給したマグマ溜まりは、一七五万年前の二度目の大噴出のあとに活動を止めて、やがて冷却して巨大な花崗岩体を造っていった。そして今いるこの場所は、地表に現われているその岩体の最上部にあたる」

つまり地球を一時的に冷やしたという、厄災をもたらした「悪魔のはらわた」のようなマグマから変化した岩体のてっぺんに、私たちは座っていることになる。

穂高の下にあるマグマに関しては、前回のツアーのときに北穂山頂で話を聞いた。ほとんどはすでに固まっているものの、地下七キロ以深で岩体は五〇〇度C超の高熱を維持し、さらにその下方の深部では、まだドロドロ状態が維持されているという。その延長の岩体の頭部が、ここに露出していた。

たしかにこれは、奥穂高の山頂で探偵が話していた「衝撃の事実」ではある。ところが探偵は、またまた「いよいよ佳境だ」といって語り出した。

「花崗岩といってきたが、その仲間にちがいないが、正式には花崗閃緑岩で、一般的な花崗岩より黒みが強い。産出地のひとつである滝谷から名前をとって、滝谷花崗閃緑岩と地質学界では呼んでいる」

ちなみに、「滝谷」の名称を冠したのは探偵だという。ということは、「何か発見したってことなのか」と問いただすと、そうだといい出すではないか。

「でも、その件はいったんおいて、滝谷花崗閃緑岩の岩体の広がりについて説明しよう。上高地にウェストンのレリーフがあるよね。あれが掲げられている岩が滝谷花崗閃緑岩なんだ。さらに、滝谷の出合にある、滝谷初登攀者のひとりである藤木九三のレリーフも、同じ滝谷花崗閃緑岩の岩に埋めこまれている。パイオニア同士のレリーフが、共通の滝谷花崗閃緑岩にあるなんてちょっと因縁めいているよね」

滝谷花崗岩閃緑岩の巨大岩体は、上高地の大正池の南側から露出して、私たちがいるここ西穂独標の南面や、岐阜県側の白出

滝谷花崗閃緑岩の分布域

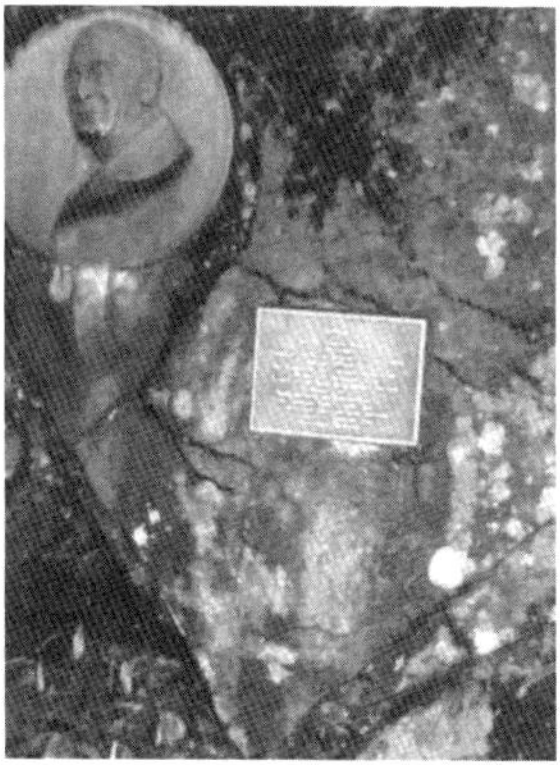

レリーフの埋め込まれている岩盤が、世界一若い滝谷花崗閃緑岩

沢方面に延び、さらに滝谷の出合付近を貫いて、蒲田川右俣上流の水鉛谷に至るという。おもに穂高連峰の主稜線西側に分布し、東西最大四キロ、南北一三キロの細長い形をしているそうだ。

そうか、探偵の調査に同行して訪れた、滝谷出合から北穂山頂までの滝谷遡行は、滝谷花崗閃緑岩と閃緑斑岩の境界を探すためでもあったのだ。雄滝を越えたあたりで探偵がウロウロうろつきまわり、「あったぞ、ここだ、ここだ」と大騒ぎしていたのを思い出した。あのとき、その境界を雄滝の上で見つけたんだ。私は落とした財布かなんかでも探しているのかと思っていたのだが。

「きれいな境界線って、なかなか露出していないものなんだよ。ここ独標の斜面のように岩屑が大量に載っていたりして、境界の発見は難しい。滝谷は急峻な地形だから、岩盤が剝き出しになっている。だからすっきりとした境界が見つかるとにらんでいたが、まさにそのとおりになった。この境界をつかんだことで、滝谷花崗閃緑岩の全体像が正確に把握でき、研究の最終段階に進んでいけたのさ」

で、奥穂山頂でいっていた「衝撃の事実」とは、その研究の過程で判明したことだという。では何が衝撃だったのか――!?

常識外れの「世界記録」を発見

関係機関の協力を得て、探偵は集めた滝谷花崗閃緑岩の年代測定を実施した。カリウムからアルゴンガスへの放射壊変現象をベースにする分析方法とのことだが、熱心に説明されてもシロートの私には何のことやらさっぱりわからない。そのあたりはハラヤマが注釈[*11]を書いてくれたので、そちらを参照してほしい。

「そこで得られた岩石の年代は約一八〇万年前。予想していたより圧倒的に若かった。地質学の常識からすると、この年代値は花崗岩ではありえない数字。こりゃ放射壊変でできた、アルゴンガスに異変が生じたのだなと、データ結果を引き出しにしまって、そのままにしておいた」

というのも、花崗岩系の岩石がマグマから冷却して固まるには、数十万年から一〇〇万年はかかる。さらに地下の深部で固結するので、岩体の上部にある別の地層が浸食され、本体が地表に姿を現わすのには数百万年が費やされる――。これが地質学の常識だったからだ。

一八〇万年は問題外の外（ハラヤマと私の高校時代の恩師M先生の口癖。ヤマモトの成績は問題外の外とよくいわれた）であり、とても信じられる値ではなかった。そうハラヤマは述懐した。

ところが、ある日、岐阜県の高山市周辺に広がる火山岩を調べていた探偵は、それが槍・穂高火山から噴出した火砕流堆積物だったことに気づく。その岩石はすでに生成年代が特定されていて、約二四〇万年前（二〇〇〇年に発表した地質探偵の論文で一七六万年前に修正）となっていた。

火山灰を供給したときには、まだマグマだったわけだから、マグマが冷却固定した時期は火砕流を吐き出した時期よりも後になるはずだ。

＊11　放射壊変現象

物質(元素)のなかには、放射線を出しながら他の元素に変換(壊変)していくものがある。この現象を放射壊変と称する。放射壊変により他の元素に変わっていく速度は、温度や圧力など周囲の環境に左右されない。この性質を利用することにより、もし岩石や鉱物中で放射壊変により生じた新たな元素の量がわかれば、別途求めておいた壊変速度(壊変常数)を使って、岩石・鉱物が生成したときからの経過時間(生成年代)を求めることができる。滝谷花崗閃緑岩の場合、生成年代はおもにK—Ar法で求められた。この方法は、質量数40のカリウム(量が最初の半分になる期間＝半減期が約12億年)が質量数40のアルゴンに放射壊変することを利用したもので、岩石中にはカリウムに富んだ鉱物が多いことから、よく使われてきた年代測定手法である。生成したアルゴンガスは他の物質とめったに反応しない希ガスと呼ばれるグループに所属するため、高温時には岩石・鉱物から外界にどんどん逃げていってしまう。このため、高温マグマから固結した火成岩の場合、40アルゴンの量を測れば、アルゴンガスが蓄積されるようになった温度条件(鉱物により異なり600—150度Cの範囲)以降、現在までの時間を直接求めることができる。

異常というべき数字だが、滝谷花崗閃緑岩の生成年代が一八〇万年前であっても、少しもおかしくない。あのときの放射線年代測定が弾き出した値はまちがっていなかったのだ。

「そのときボクは水平線まで展望が開けていく気分だった」

探偵はその日のことをそう振り返った。

現在では、各方向から綿密な検証が加えられ、滝谷花崗閃緑岩の成立はさらに下った一四〇万年前との決定がなされた。だが当初得られた数字、一八〇万年前でも地質学会では大トピックだった。なぜなら世界中にある花崗岩系で、こんなに「若い」岩石は存在しなかったからである。つまり滝谷花崗閃緑岩は、新しさの世界記録をもつチャンピオンだったというわけなのだ。

ちなみに、世界第二位はパプアニューギニアにある二一〇万年前の花崗岩だ。それと比べても、滝谷花崗閃緑岩の新しさが際立つ。二一〇万歳対一四〇万歳、七〇万歳も若いのだから——。

探偵はその結果を諸外国の研究者に認定してもらうため、米国地質学会の月刊誌『ジオロジー』に投稿。審査を経て掲載された記事によって、滝谷花崗閃緑岩は世界一若い花崗岩との「栄誉」を獲得した。

そんな世界チャンプの岩石が、穂高の重要な部分を造っていたとは驚きだった。やはり我らが穂高岳はタダ者ではなかったのだ。世界中の山と比べても、そのユニークさで光る。だが、地質探偵の話す衝撃の事実は、この発見にとどまらない。

マグマは一四〇万年前に地下三キロの場所で固まり出したが、それが今では西穂独標近くのこんな標高（約二五〇〇メートル付近）の場所にある。本来なら、岩体の最上部であるこの場所は、地下三キロだったはずだと探偵ハラヤマはいう。

「一四〇万年前から始まった北アルプスの隆起活動で、地下深くのところで静かに眠っていた滝谷花崗閃緑岩がたたき起こされ、ケツを思いきりひっぱたかれて、一気に押し上げられてきたんだ。だから世界一若い花崗岩として人目に触れている。これは異例というしかない。正直いって、北アルプスに起きた隆起作用が、これほどまでに激しいものだったとは思ってもみなかったよ」

そのため、地下での自然冷却が十分ではなく、岩体が地表に昇ってきたときには、まだ相当に熱をもっていたという。

「周囲の岩盤に熱を伝えることで冷えていった形跡が、岩体の上部に刻みこまれている。それが先ほど見てもらった、滝谷花崗閃緑岩の露頭の節理構造なのだよ。急に冷えたために、収縮して縦方向の節理が生まれた」

探偵の言葉を聞いて、地上に姿を現わした、熱でゆらゆらと陽炎を上げる滝谷花崗閃緑岩体のおぞましさを思った。

その一方で、私たちがいる独標斜面の下にあるこの広場が、地下三キロにあったという探偵の発言にも慄《おのの》きを禁じ得ない。

かつて上には、三〇〇〇メートルの巨大カルデラがそそり立っていた。カルデラを埋設していた溶結凝灰岩も凝灰角礫岩もここにはない。火山の元になった、マグマから変わった滝谷花崗閃緑岩の岩体が、直接剥き出しになっている。三〇〇〇メートルの上物は、きれいさっぱり喪失した。隆起と浸食活動の激しさは、もはや人間の想像力を超越する。探偵は補足した。

「ここから滝谷花崗閃緑岩の最上部のラインを岳沢の方向に追っていくと、岩体の頂部がほぼ平坦になっていることがわかった。滝谷花崗閃緑岩の岩体の頭は、平らになっていたんだ。で、上高地は、その岩体頂部より標高で約一〇〇〇メートルも下方にある。ということは地下四キロの場所だったたってことだね。それが地表に現われ、今では観光客でにぎわっている。自然って不思議だよね」

上高地あたりでは、結果として四キロ分が掘り下げられた。あまりの数値に声も出ない。隆起と浸食という自然のパワーの前では、巨大カルデラさえも「強者どもが夢の跡」だった。

山の移ろいに関しては、槍ヶ岳で免疫ができているのでショックは少ないが、心の中はやはり穏やかではない。だが、こうして山は造られた。そんな物語の一章として、今の槍ヶ岳や穂高岳はそびえている。私はしみじみとした気分に浸った。

槍・穂高創生の秘話も、地質探偵がいなければ知ることもできなかった。激しすぎるドラマをよそに、西穂高の稜線には風が抜けていくのみだ。

いつしか周囲の景観は、黄昏時の弱々しいオレンジ色に包まれていた。オイオイ、急がないと、西穂山荘で今夜の食事にありつけないぞ。

巨大カルデラ時代はなぜ終焉したか!?

西穂山荘で無事に夕食を終えたふたりは、テーブルに居座りウイスキーをチビチビやる。さっきは聞き流したが、巨大な滝谷花崗閃緑岩体の頭部は平らになっているとのことだ。しかしこの岩は地下深部にある、マグマの供給源から上昇してきたもので、マグマ溜まりがそのまま固形化されたものではないだろうか。

　教科書のマグマ溜まりのイラストを思い出すと、レンズ型やツボ型に描かれ、頭がきれいに平らになっているのって変だ。その疑問を地質探偵にぶつけてみた。

「そうか、その件については説明していなかったね。これが興味深い。つまりマグマ溜まりが昇ってきて、ついにはカルデラの器の底にピタッと張りついた。だから頭頂部が水平になったのさ。地質学の世界では

浅所へのマグマ上昇条件

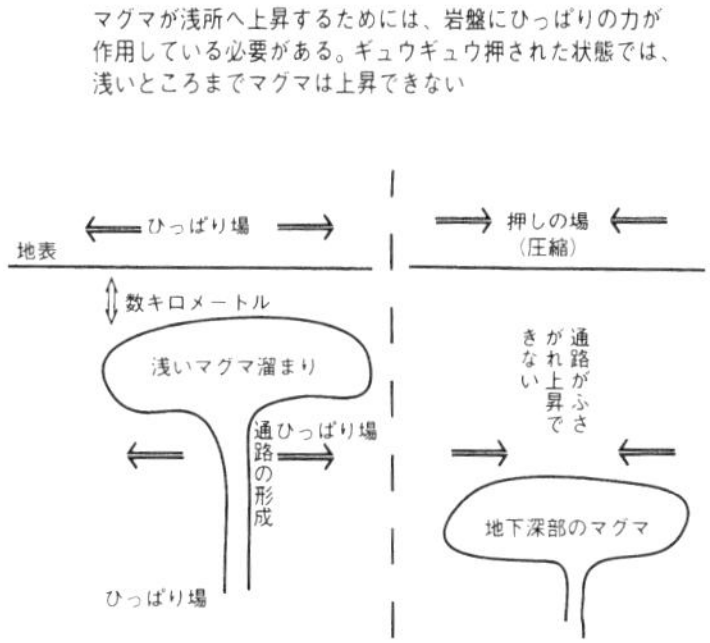

マグマが浅所へ上昇するためには、岩盤にひっぱりの力が作用している必要がある。ギュウギュウ押された状態では、浅いところまでマグマは上昇できない

マグマ底づけ

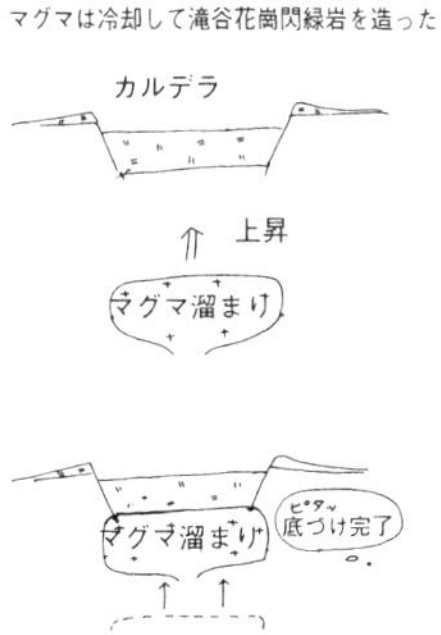

マグマは冷却して滝谷花崗閃緑岩を造った

『底づけ』と呼んでいる」

マグマのほうが、周囲の岩石より相対的に比重が軽い。そのため浮力が働いて、ついにカルデラの底の部分に付着したそうだ。説明されれば納得できるが、地下の世界では思いもかけないことが起きるものだ。

そしてカルデラにマグマが底づけされる直前に、上部に堆積する溶結凝灰岩層の割れ目に、マグマ溜まりからのマグマが浸入していって、ジャンダルムほかを形成する閃緑斑岩の岩体が生まれたってことらしい。

その後、カルデラに接して、上の溶結凝灰岩に熱を伝えて焼いていった。ところでカルデラには、その器を形成する岩石があったはず。それはどこにいってしまったのだろうか？　独標南の斜面では、そんな岩石は見当たらなかった。

「もちろんカルデラの底、さらにその下にもカルデラの器をなす地層はあったのだが、上昇するマグマの内部に落下して、失われてしまった」

そういうことなのか。灼熱の溶岩に落ちていく岩盤。身震いするほど壮絶な光景だ。とはいえ、そんなことが起きたのは地下でのことで、直接目にすることはできない。さらに探偵の話は火山のメカニズムにも及んだ。

「もともと槍・穂高火山の場合、マグマ溜まりが地下数キロという浅いところにできたから、カルデラが造られたのさ。そのほうが中身を噴出させたときに、地盤も陥没しやすいじゃないか。マグマ溜まりが深いと、あいだの地層が上からかかる荷重を支えてしまい地盤沈下が起きにくい」

ところで、マグマ溜まりが浅い場所に生まれた背景には、当時の地盤全体にかかる力が、今とは逆だった点が大きいと探偵は続ける。

「カルデラができた場所が、水平方向にややひっぱられる環境にあったからなんだよ。その地殻のひっぱりで裂けた割れ目を伝わってマグマも上昇し、浅いところにマグマ溜まりが形成された」

で、今とは逆という部分については、

「一四〇万年前に始まった隆起運動が転換点になった。隆起の力は太平洋プレートがユーラシアプレートに潜りこんで、東西方向からのせめぎ合いで発生するが、槍・穂高火山が活動した一七六万年前は、隆起活動が発生する時代のはるか以前。押しつけられる力ではなくて、むしろ大地を引き裂く方向に力は働いていた。まったく正反対の力のかかり方だったんだね」

ということは、今の北アルプスでは、もうカルデラ型火山は誕生しない？

「隆起の力が加わり出す一四〇万年以前には、火山もカルデラ型が中心だった。でもそれ以降は、乗鞍岳や焼岳のような火山ばかりが登場してくる。押しつける力が働くかぎり、マグマ溜まりも地表近くに昇ってこられなくなったからだ。巨大カルデラ火山の時代は、隆起運動によって北アルプスでは終焉したようだ」

なお、カルデラ火山全盛のころでも、地上に小山を盛り上げて噴火するタイプの火山はあったという。御嶽山周辺などにあった火山群がその例だそうで、溶岩の性格が粘りの少ない玄武岩質だったため、地下深くからマグマがスルスルと割れ目を伝わって、地表に湧出してきたからだという。

マグマの粘度が火山のスタイルを決定したってわけだ。そんなことでも山のカタチは変わってしまう。

御嶽山周辺にあった火山群は、現在の御岳や乗鞍に比べると規模も小さく、ひとつの場所で一回しか噴火を起こさない単成火山[*12]と称されるタイプの火山活動だったという。二七〇

＊12　複成火山と単成火山

同一の場所から繰り返し噴火し、火山体を形成するタイプを複成火山という。一方単成火山は、1回の噴火のみで火山体を作り、同一場所で複数回の噴火を起こさないタイプだ。前者はやや地盤が圧縮気味の場、後者は地盤が引っ張られ気味の場で形成されやすいとされている。

万年前から九十万年前にかけて、北アルプスの南部地域に当たる場所で、散発的に噴火を起こしたそうだ。

今の日本列島には、全体的に押しつける方向の力が働いているので、かつてに比べ、カルデラ火山が誕生しにくくなっていると探偵は補足した。西穂山荘での地質講義の夜は更けていく。

失われた梓川の清流物語

西穂山荘を発ち、上高地に下りてきた。今日一日は槍・穂高火山のまとめをするため、上高地周辺の散策にあてる。

上高地といえば河童橋だ。梓川の清流をまたぐこの橋は、いつもながら多くの観光客でにぎわっていた。橋に立つと、奥穂高から前穂高に延びるスカイラインがまばゆい。昨日、悪戦苦闘して歩いた西穂高も、城塞のように天空にそびえる。

この河童橋は、特別な場所に架けられていると探偵は話す。

「ここは梓川がくびれていて、橋を架けるには打ってつけの場所だった。その川幅を狭めたのは、西方向からの深層崩壊(地すべり)だ。深層崩壊は地表面で起きる山崩れとちがって、山体そのものが不安定になって滑り落ちてくる現象だ。滑り落ちる途中で山体はいくつもの塊に分裂し、しだいに塊のあいだにはほぐれた岩屑が増えていく。その崩壊の際にほぐれ残った山塊のことを流山と呼んでいるが、流山が自然の堤防を造っていたのだ」

なるほどね。で、梓川の下流のほうを振り返ると、焼岳が正面に望めた。上高地といえば、やはりこの山にふれないわけにはいかないだろう。旺盛な活火山として知られ、今でも山頂から水蒸気をたなびかせる。

だが大正四(一九一五)年、突如噴火活動を強め、焼岳から流出した泥流が梓川を堰止めた。その結果生まれたのが、あの大正池である。

焼岳のまわりには、割谷山《わりたに》、岩坪山《いわつぼ》、白谷山《しらたに》、アカンダナ山といった火山があり、総称して焼岳火山群と呼んでいるのだそうだ。岩坪山は約十万年前、割谷山は七万年前にそれぞれ噴火し、焼岳や白谷山、アカンダナ山は三万年前から活動を始めた火山だという。槍・穂高周辺では、年代からいって「新人」の域を出ないそうだ。

もっとも、探偵にいわせると、「火山としてはおとなしいほう」だとか。でもそれは槍・穂高火山に比べての話だろう。昭和三十七（一九六二）年には火山灰や火山礫を大量に吐き出し、旧焼岳小屋にいた二人が負傷した。またそのときも泥流を発生させて、峠沢ほかを埋めてしまった。これにより焼岳は登頂禁止の山となったが、現在では二四四五メートルの北峰までは登山解禁となっている。

なお焼岳は「北アルプスで唯一の活火山」と称されるが、乗鞍火山、立山（弥陀ヶ原）火山も活火山だ。槍ヶ岳のそばにある硫黄岳でも常時噴気を発していて、たまに水蒸気爆発を起こすから、これも活火山である。焼岳が〝唯一〟とはいえないと地質探偵ハラヤマは強調する。

西穂山荘付近から焼岳を望む。上部のごつごつした部分が粘りけの強い溶岩でできたドーム。裾野のなだらかな部分は火砕流が堆積した斜面

また硫黄岳に関しては、マグマのためとおぼしき高温部が地下浅所にあることがわかっていて、関係者のあいだでは要注意物件とされているらしい。硫黄岳噴火の可能性はゼロではないのだ。

さて焼岳である。山体の岩質や山頂部に溶岩ドームを造るという点でも、焼岳は火砕流を噴出したあの雲仙普賢岳とかなり似かよった山なのだそうだ。そのため雲仙普賢岳の火山活動で得られたデータにより、焼岳の噴火の仕組みも相当に解明が進んだという。

で、いきなり探偵は、上高地の平らな地形を造ったのは焼岳火山群だと語った後、唐突に口にしたのが次のセリフである。

梓川の流路の変遷

「有名な話だからキミも知っていると思うけど、今ボクらがいる河童橋の下を流れる梓川は、かつては飛騨側に流れていたよね」

知らないよ、そんな話。いったいどこで有名なんだ。それとも地質の話題ばっかりの〝地質の花園ダーリン〟なんていうクラブでもあるのか。その店に行くと、ママが「あら、溶結凝灰岩みたいな素敵なお方」、「こちらの社長さんは滝谷花崗閃緑岩そっくりね」……なんていう。考えただけで不気味だ。

すると、探偵はいきなりニコニコして、

「なんだ、一般的には知られていないのか。でも、そういうクラブがあると楽しいね。閃緑斑岩のカクテルお願い、なんていってさ。ボクなら毎日通っちゃう」

私の冷ややかな視線に気づいたハラヤマは、軽く咳払いをして「かつて梓川は飛騨側に流れていた」の中身を説明し始めた。

「大昔、梓川は、今ちょうど焼岳がある場所の南側を、高山盆地に向かってまっすぐ西に流れていた。ところがおよそ六十四万年前、大規模な火山噴火が岐阜県側の福地温泉の南方であり（火山地形は残存せず）、噴出した約四〇立方キロの火砕流堆積物で、梓川は流路を高原川方向に変更された。さらに白谷山が一万二〇〇〇年前に噴火して、その飛騨側への流れも塞いでしまった。流れが堰止められたわけだから、そこに水が溜まって巨大な堰止め湖が出現する。現在の大正池レベルではなく、長さ一二キロ、幅二キロにも及んだ。貯水量は黒部ダムの十五倍の三〇億立方メートルと考えている。で、やがて湖底に土砂が堆積して、現在の平らな上高地ができ上がったのさ」

　上高地のでき方も驚きだが、私には幻の梓川のほうが気になった。つまり、失われた古梓川の流れが焼岳の下に眠っているってこと？

「もちろん、そうなるね。信州大学山岳科学総合研究所では、大正池の北西の原野で

古上高地湖の復元図

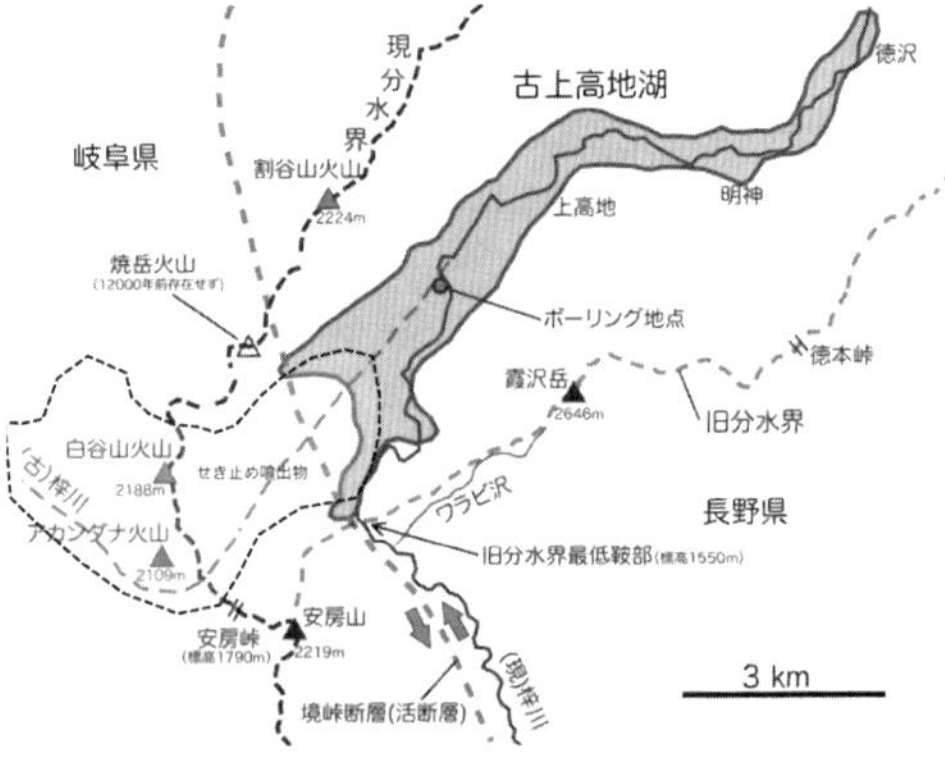

三〇〇メートルの深さの学術ボーリング[*13]を実施したんだ。目的は巨大堰止め湖があったことを証明するためだ。当初は二五〇メートルくらいで岐阜県側に流れていた古梓川の河床岩盤にぶち当たると予想していたが、二九〇メートルまで掘っても、出てくるのは砂礫や泥のやわらかい地層ばかり。ようやく最後の一〇メートルで数十センチ径の丸い礫が出てきて、かつてそこに川が流れていたことがわかったのさ。ただし、古梓川河床の岩盤までは到達しなかった。翌年地震波を使った地下探査では、岩盤まで三二〇メートルとのデータが出て、実はあと残り二〇メートルだったのかと悔しい思いをしたけどね」

失われた流れが発見できたって、ロマンだよね。探偵はさらに続ける。

「でも、一年ごとの縞模様を示す粘土層が採集でき、大きな成果を得られた。その粘土層の内部に含まれている樹木の幹や葉の化石を取り出して年代測定すると、堰止め湖の生成は今から一万二〇〇〇年前だとわかった。だから堰止め湖を造った主犯は、当時活動していた白谷山火山ということで決着したのだ。またこの堰止め湖は、少なくとも五〇〇〇年以上の寿命をもっていたことも判明している」

なお第一次堰止め湖のできた一万二〇〇〇年前という時代は、槍・穂高連峰に山岳氷河のあった最終氷期が終わり、徐々に温暖化していく時代だった。粘土層に含まれる花粉化石を調べた結果、当時の上高地一帯は森林限界より高いところに位置していて、高山植物などの草がまばらに生えた荒涼とした風景が広がっていたらしい。その後急速に温暖化が進み、記録の残る七三〇〇年前にはブナやコナラなどの落葉広葉樹林が繁り、現在よりも暖かい気候だったことがわかったという。

川の流れさえ火山は変えてしまう。今の風景からは想像もできない話だ。探偵は上高地にあったという堰止め湖について補足し、その湖は横尾あたりまで延びていたといった。

「上高地から横尾まで標高差約一〇〇メートルしかない平坦な道が続くのも、湖が土砂で埋め

＊13　学術ボーリング

2008年年11月から始まったこの大正池西側での学術ボーリングは、当初の３カ月程度の想定を大きく超え、５カ月にわたる難工事となった。ボーリング掘削した地層はすべて未固結で軟弱なために、コア試料を回収引き上げするたびに坑内の崩壊を繰り返したためである。崩落防止のケーシング設置に苦心惨憺し、ようやく予定の300メートルに達したのは、国立公園内での工事許可期間終了の期限であった2009年３月末日の４日前であった。

深度114.5メートルより深い部分に、年縞と称する美しい縞模様の地層が見つかったときは、本当に感動の瞬間であった。上高地の冬の気温はマイナス18度Cにもなり、引き上げ回収したコア試料は30分で完全に凍りついた。

この厳しい環境下で昼夜作業を進めていただいた(株)住鉱コンサルタント(当時)の関係の皆様、学術掘削作業の許認可でお世話になった環境省、文化庁、林野庁、長野県林務部の担当の皆様にお礼申し上げます。またかなりの予算を必要とした学術掘削の事業を採択・支援していただいた文部科学省、信州大学、山岳科学総合研究所の関係の皆様に心よりお礼申し上げます。

られて平らになったせいなんだよ」

思わずケータイでタクシーを呼びたくなる（呼んでもこないが）ような、横尾までのあのフラットなアプローチは、そうやって生まれたのか。でも、今では湖はなくなり、梓川も松本盆地に流れている……。

「あるとき松本盆地側への最低鞍部だった尾根部分が決壊し、そこから湖の大量の水と土砂が流れ下っていったんだ。最低鞍部を通っている境界活断層が、地震を引き起こして湖を決壊させた可能性もある。決壊は相当の規模だったらしく、痕跡が信州側にいくつも残っている。そんな決壊を契機に、今の流れが確定していった。梓川の上高地のすぐ下の釜トンネルあたりって、深

上高地学術ボーリングの様子。右の塔がボーリング施設

いルンゼになっているよね。決壊時に、水や土砂が地盤を激しく削っていったことを示すものなのだ」

高校時代にひとりで初めて穂高にやってきたとき、バスの窓から梓川の谷底に何台ものクルマがハマっている光景を見て、思わずゾッとさせられたものだ。いったん落ちると険しすぎて、当時は車体をもち上げられなかったようだ。もちろん、乗っていた人の運命は推して知るべし、である。単独行の心細さを実感した。

梓川の流路変更から湖の出現、そして湖の決壊と続いたドラマが、上高地の景観を生み出した。ここにも壮大な物語が秘められていたのである。

北アルプスの地質の「主役」が登場

「さて、槍・穂高火山の最後のツメを明神でやろう」

そういって探偵が腰をあげた。明神はここ河童橋からおよそ三キロ先。奥穂高に向かうために三日前に通ったばかりだが、観光客に交じって散策に赴く。

河童橋から歩いて約四十分、もうすぐ明神の旅館という場所で、道は急に白い砂礫で覆われた。右手の六百山から下ってくる、下白沢《しもしろ》から流れ出たものだ。下白沢をのぞくと、沢全体が眩しいほどに白一色に染まっていた。探偵に教えてもらった、いわゆる花崗岩系のマサというやつだろう。以前なら気にもとめなかったが、最近の私はちょっと地質にはうるさい。「マサだね」といって鼻高々である。

しかし、昨日見た滝谷花崗閃緑岩の岩体は、おもに穂高の稜線の西側に存在するという。ここは穂高の東側に当たる。きっと、たまたま下白沢のどこかに、その岩盤が露出しているのだろう。それがマサ化してザラザラと落ちてきた。

「きっと、たまたま、どこかに、だろう

下白沢から流出する大量の花崗岩マサ

べなくちゃね」

——では、地質学は成り立たない（笑）。あてずっぽうでなく、ちゃんと正確に調べなくちゃね」

そういわれればしかたない。渋々と砂礫を拾い上げて観察してみる。しかし、その言葉、普段の誰かさんに返してやりたいよ。チェックしてみると、西穂独標下の岩屑斜面の下にあったものより、若干色が白いようだ。いわゆる〝美白美人〟か。昨日の滝谷花崗閃緑岩とは、手触りや見てくれがちがうような……。

「そう、これは滝谷花崗閃緑岩ではない。北アルプス全体の約三分の一の岩体を造る奥又白—有明花崗岩というやつだ。北アを代表する地質の大スターで、露出する地域によって、奥又白花崗岩と呼んだり、有明花崗岩といったりもするが、基本的にはルーツが同じ花崗岩だね」

探偵によると、マグマから地下深部で固まったのがおよそ六四〇〇万年前。もちろん放射年代測定法で、正確に調べた数字だという。なんとも気の遠くなるような古い岩石である。

いうまでもなく槍・穂高火山が成立するはるか昔だ。槍・穂高火山が噴火した一七六万年以前から、浸食で地表近くにあったか、ないしは、地表に現われていた。

有明花崗岩（約6000万年前）および同時代の花崗岩の分布

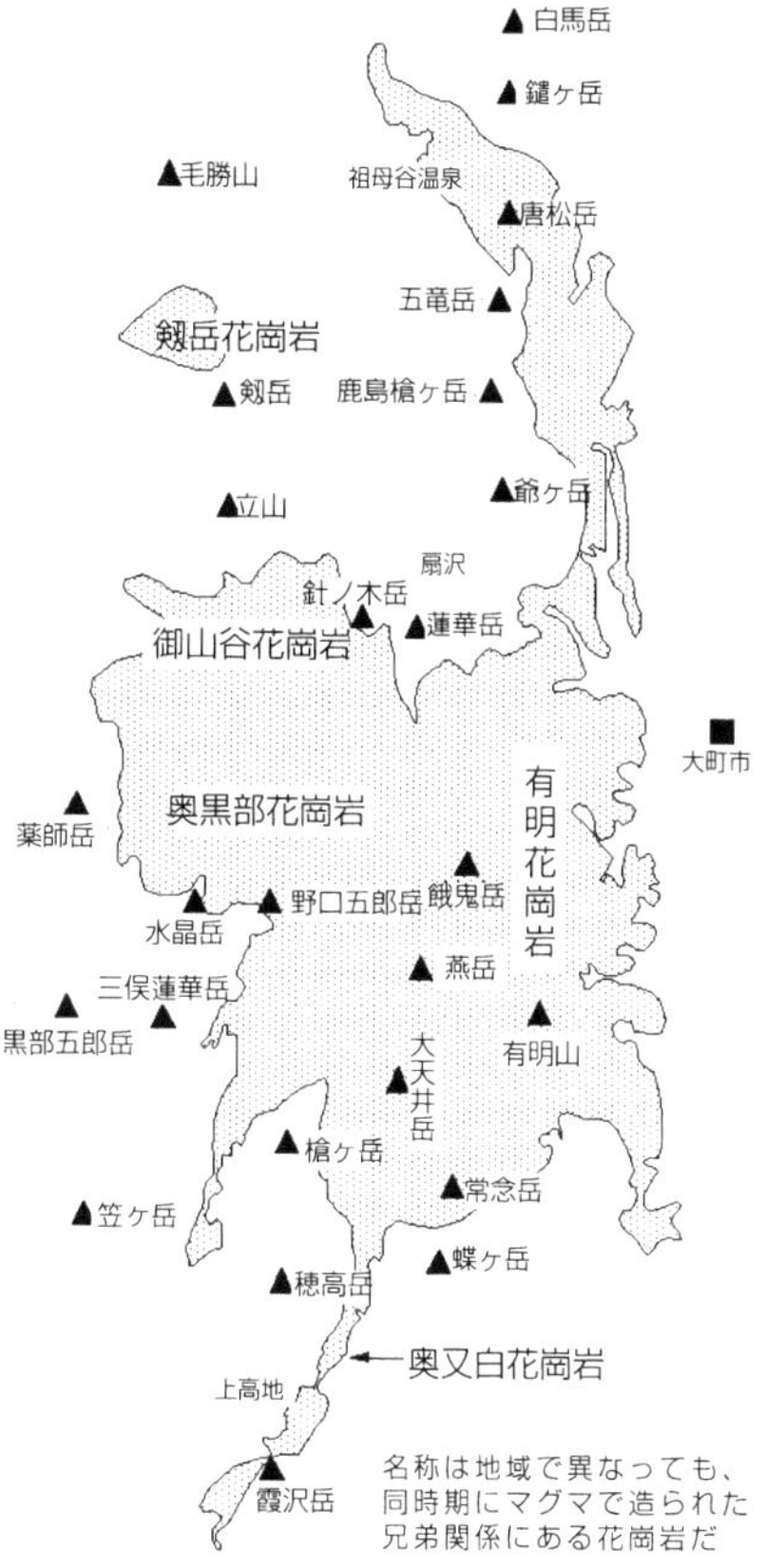

大先輩というのも変だが、当時から地質のヌシだったのだろう。

槍ヶ岳で探偵は、「日本列島が現在の場所にたどり着いたのは一五〇〇万年ほど前」だといった。しっかり頭に入れておけといわれ、この数字はなんとなく覚えていた。となると、奥又白―有明花崗岩の岩体が誕生したのは、日本列島がまだ大陸の沿海州の一部だったころになる。大陸の地下にあった時代にマグマから変化し、列島の移動にともない、ここまでやってきた。

この奥又白―有明花崗岩は、六百山や有明山、大天井岳や常念岳、燕岳ほかを構成し、さらに餓鬼岳、鹿島槍ヶ岳を越えて、天狗ノ頭に至るエリアにまで分布するという。北アルプスの地質の大スターという表現にふさわしい、なんとも空恐ろしい超巨大岩体である。

名前を挙げた山の地質のすべてが、この岩石でできているわけではないが、山体の地形形成に大きな影響を及ぼしていると探偵はいう。たとえば、山のすべてが奥又白―有明花崗岩で覆われている燕岳などは、花崗岩特有のマサ化によって崩壊が進行し、ところどころに岩塔が突き出た山容を示す。

そんな岩塔が残った理由はこうだ。同じ花崗岩でも、内部の結晶の細かい部分は風化にやや強い面をもっていて、マサ化しにくく岩の形を保ちやすい。それが燕岳の蛙岩などの奇岩地帯を造る要因となったのだそうだ。岩体内の目の粗い部分と密な部分の差。燕岳の独特の景観は、それに左右されてでき上がった。

裏銀座にある烏帽子岳も同時期の花崗岩の山だが、あの山頂のオベリスクも、比較的目の細かい花崗岩が、岩塔として風化に耐えている姿だと探偵は解説する。

えてして奥又白―有明花崗岩は、内部の結晶が大きいので風化に弱い。そのためこの岩で造られた山は、そのフォルムがなだらかになりやすい。大天井岳や常念岳も松本平から見ると険しそうだが、実際に歩くと急峻さを感じさせない。

ところで、穂高でも前穂高岳の東面下部は、この奥又白―有明花崗岩で造られていて、下又白谷や中又白谷が白いのも、風化が進んだこの岩石で構成されているからだそうだ。一部に菱形岩壁や本谷の滝などの硬い部分をもつが、そうしたところは流水や雪崩によって浸食が激しく進行しているために、マサ化するいとまもなく削られて、常に硬い岩盤が露出しているからだと探偵は説明する。

そんな話のなかで驚いたのは、日本のクライミングをリードした、横尾谷にそびえる巨大岩壁の屛風岩も、この岩でできているという点だった。

「奥又白―有明花崗岩の岩体は、下又白谷から屛風岩を経て大天井岳のほうにつながっているが、途中六万年前の横尾谷氷河で大きく削られ、いったん途切れているように見えるだけだ」

探偵の解説に対してこんな疑問も湧く。奥又白―有明花崗岩は風化の影響を受けやすいとのこと。そのため下白沢や下又白谷なども砂礫地帯となっている。だが天下の屏風岩は六〇〇メートルも切り立った大岩壁で、青光りしてマサ化なんて起こしていない。同じ岩体だったなら、これほど変化するのはおかしいじゃないか？

「それはもっともな指摘だよ。調べて同じ岩だってわかったときには、ボクだって考え込んだくらいだから。で、卒業論文で研究した学生とともに出した結論はこうなった。屏風岩周辺は耐マサ化能力がアップしたから風化に強い――と」

耐マサ化能力を向上させるためには、膨

横尾谷にそびえる屏風岩。大岩壁を造るのは奥又白花崗岩である

張率の異なる結晶同士を離反させないからくりが必要となる。それをなし得たのはなんだろうか？

「実際に調査してみると、ホシはあとから昇ってきた槍・穂高火山系の文象斑岩《もんしょうはんがん》のマグマだと判明した。地表から浸透した雨水がマグマの熱で温められ、さまざまなミネラル成分を溶かし込んだ状態で、三〇〇度Cにもなる高温の温泉（熱水）として地表へと上昇する循環システムができ上がった。で、文象斑岩のマグマに近い屏風岩地域の花崗岩だけがこの熱水の影響を受けたというわけ。熱水は地表に上昇する途中で徐々に温度が下がり、溶け込んでいたミネラル成分が沈殿して鉱物粒の境界を接着す

X字状の脈が対岸の登山道からも観察できる。熱水が通過した痕跡である

る役割を果たし、そのため屛風岩は風化や浸食に強く高く屹立している。そもそも屛風岩の岩質がやや青みを帯びているのも、熱水から沈殿してできたミネラル成分の色のせいだった。屛風岩東壁の下部岩壁には、熱水が通過する際に造った、X字状の細脈が多数残っていて、対岸の登山道からも遠望できるよ」

屛風岩の巨大岩壁成立の背後には、そんな仕組みが働いていたのか。さらに探偵は、こんな謎めいたセリフもつけ加えた。

「北アルプスの北部には、もっともっと古くて脆い花崗岩体がある。その花崗岩体はある有名な秀峰を造っている。アルピニストの憧れの山だよ」

屛風岩の花崗岩中には、熱水からできた緑泥石・緑レン石などの脈が観察できる

その話は本書の後半でふれることになるだろう。請うご期待だ。

ちなみに、奥又白―有明花崗岩が造る岩壁としては、硫黄岳前衛峰東壁や赤沢山針峰槍沢側岩壁もある。今や訪れるクライマーも稀なゲレンデだが、それらもマグマが造り出した熱水が影響して、天高くそびえているのだという。

幻のカルデラ壁と奥又白池の深い関係

ところで大昔、屛風岩の1ルンゼという岩壁ルートを地質探偵と登ったことがある。登り出す時間が大幅に遅れたことで、その日のうちに登攀が終了せず、壁の途中にあった畳半畳ほどの岩棚にふたりで腰かけ、長い一夜を送った。夜半から雨も降り始め、眠ると大空間に放り出されそうで一睡もできなかった。

そのビバークで気力、体力が尽きた私は、最奥部に位置する奥の院の岩壁をエスケープし、右の尾根に逃げることを頑強に主張した。ハラヤマは従ってくれたが、すべては岩壁をなめた、私の登攀計画の杜撰さに原因があった。奥の院の壁は脆いという情報を事前に得ていて、それも私の背中を押した格好だ。

探偵にはどうしても奥の院に行きたい理由があったようで、後年、山岳ガイドを雇ってもう一度、屏風岩の1ルンゼを登り直した。根性ナシの私が足を引っ張ったわけで、私のなかには、申し訳ないという思いがしこりとして残った。

屏風岩の話題が出たことで、そのときのことを謝るとともに、なぜ奥の院にこだわったのかを聞いてみた。奥の院の岩が脆いというのは、熱水システムとやらがいきわたらず、だから花崗岩の風化が強く出た結果か？　そして、その実体を調べるために奥の院の岩壁を訪れた……。

あのときのことは、気にしないでくれと探偵はいった後、

「奥の院など屏風岩の上部に載っている岩は、花崗岩ではないのだよ。槍・穂高カルデラと奥又白―有明花崗岩の境界部に沿って前述した文象斑岩という岩が浸入し、奥の院の岩壁もその岩で造られている。これこそが屏風岩の花崗岩の耐マサ化能力をアップした犯人と当初からにらんでいたから、調査したかったんだよ。ところが文象斑岩自体は割れ目の発達した、クライマーのあいだで指摘されていた以上の脆い岩質で、登攀は危険というレベルだった。かつて1ルンゼで、ルートを埋めるような大落石が起き、何人もが遭難した大事故があったが、奥の院から続く文象斑岩

の岩壁の大崩壊がその理由だった」

探偵が奥の院を調査した一年後の一九八七年九月。屛風岩1ルンゼの大崩落は起きた。現在でも落石がルンゼ上部を埋めていて、無雪期の登攀は不可能である。危険すぎて近づけないため、遺体は掘り出せずに今でもそのままとか。あの痛ましい事故は、いつまでも記憶から消えることはない。

さて奥の院を形づくる文象斑岩の岩体は、奥又白花崗岩の西側に、中又白谷から横尾尾根周辺にまで細長く延びている。屛風ノ頭もこの岩だ。西のジャンダルムなどを形成する閃緑斑岩のように、上昇してきたマグマが地中で冷却して固まり、それが浸食で地表に現われたという仕組みである。

下白沢から望むひょうたん池のコル。カルデラの東の壁の跡

「この文象斑岩に変化したマグマは、地質構造の境目を伝わって昇ってきた。その境目の場所が地質学的には大変興味深い。実はこのマグマは、槍・穂高カルデラの東の壁にできた断層に沿って上昇してきたんだよ。カルデラの壁を造るもともとの岩石には、カルデラ陥没時にできた破砕帯が多数あり、構造的に弱いからだね」

ということは、カルデラの東の壁が前穂高の東面にあったことになる。

「今でも地形として顕著に残存しているよ。もっともカルデラの壁は浸食されてしまったが、壁があった証拠、それが東面にずらりと並んでいる」

槍・穂高火山のカルデラの話を聞いてき

長七ノ頭の西にあるひょうたん池。カルデラの東の境界にあたる

た以上、幻となったカルデラ壁の場所くらいは知っておきたい。

「それについては、キミと以前調査に行ったんだけどな。明神のひょうたん池から奥又白池にかけて調べたことがあったじゃない。カルデラの縁の部分は、今いった理由から脆くなり、地形のギャップを造りやすいんだ。その窪地に水が溜まって、ひょうたん池と奥又白池が生まれたってわけ。カルデラ壁の痕跡は、さらに屏風のコル（屏風岩と前穂高北尾根をつなぐ稜線上にある大きなギャップ）も造り出した。あそこも大きくえぐられているだろう」

そうか、あのときはカルデラの東の壁の跡をまわっていたのか。何も気づかずに、

カルデラの東の縁の跡にできた奥又白池

山上の池めぐりだと浮かれていた自分が恥ずかしい。

しかし前穂高岳の東面岩壁の直下にある、珠玉の奥又白池がそんな理由で誕生したとは――。槍・穂高火山の賜物といえるだろう。

岩登り人口の減少により、あの天上の楽園を訪れる人もまれになった。東面岩壁を登攀中に見下ろした奥又白池は、荒涼とした景観のなかで、そこだけエメラルド色の深い輝きを放っていた。訪れる人もいない池は、今でもきっと青空を映し出している。機会をつくって再び訪問したいと強く思った。

槍・穂高火山を見守ってきた「番人」

もう少し先に行こうという探偵の提案に従って、下白沢から徳沢方向に進む。徳本峠への登山道が分岐する次の白沢では、一転して沢は黒い砂礫で占められていた。白沢なのに黒い。ちょっと妙な気もするが、まあいいだろう。そこを過ぎ三〇〇メートルほど歩くと、道の右手に黒い岩が露出していた。小さな崖といったレベルの大きさで、この道を歩いた経験をおもちの読者には、ご記憶の方もいるだろう。

白沢の黒い砂礫（ややこしいな）と同じ岩石だと探偵ハラヤマはいう。ふれてみると、岩はかなり緻密だった。

「これは頁岩《けつがん》といって、深さ数千メートルの海溝の底で泥が集積してでき上がった岩石だ。放散虫[*14]の微少な化石を含み、生成年代を調べると約一億五〇〇〇万年前となった。上高地にある地盤では、これが一番の古株ということになる」

海溝で生まれた頁岩は、海洋プレートの運動によって陸側に運ばれてきた。いわゆる付加体で、それがこんな上高地にある奇跡――。なお付加体ができるまでについては、本書の後半でくわしくふれることにする。

＊14　放散虫

海に棲む浮遊性の原生動物で、おもに珪酸分からなる骨格をもつ。この仲間は約５億年前から現在まで生存しており、進化によって時代ごとに形態が変化すること、堆積物とりわけとくに遠洋堆積物中に多数含まれることから、時代決定の示準化石として重宝がられている。この化石により、かつて日本で古生層とよばれていた大部分の地層が、中生代の地層であることが判明した。

頁岩の露出する地点

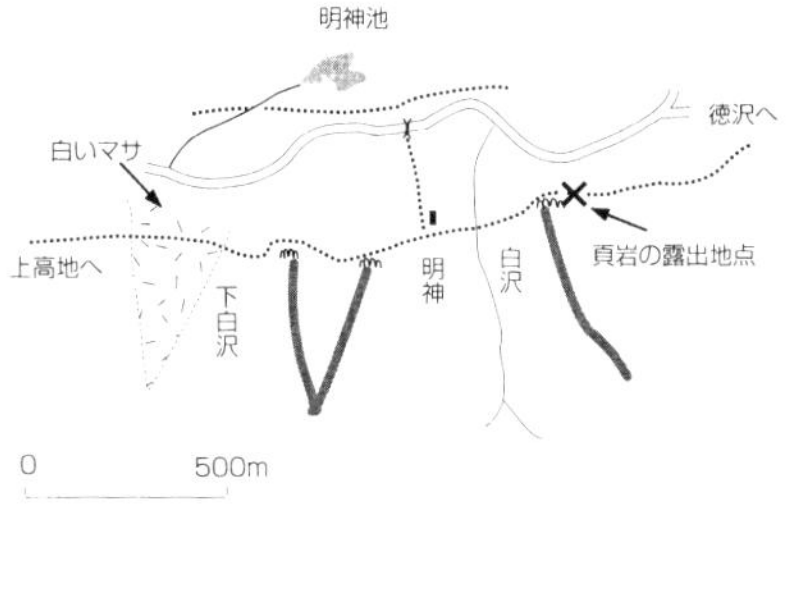

この頁岩が露出する場所で、地質探偵ハラヤマは槍・穂高火山が生まれ、さらに現在に至るまでの歴史を語り出した。

一億年以上前、槍ヶ岳周辺では結晶片岩、そして上高地ではこの頁岩が地盤のほとんどを構成していた。

およそ六四〇〇万年前、そんな地中の岩盤に大量のマグマが貫入してきた。頁岩もその際に、マグマの熱で広範囲にわたって焼かれ、熱変成で黒く変化した。それが今、目の前にある。

マグマは時間をかけて冷却し、奥又白―有明花崗岩を形成していく。日本列島が大陸にまだあったころで、地下深くのできごとだった。その後、プレートの分離大移動

明神～徳沢間の歩道沿いで、頁岩が露出する岩盤

にともない、日本列島は一五〇〇万年前に今の場所まで移動してくる。

約二七〇万年前、北アルプスの下部にマグマが浸入し、その浮力によって地盤に上昇運動が生じ、現在の穂高の東側、常念山脈がある位置に標高二〇〇〇メートル級の山脈が造られ、大町以北まで延びていた。水晶岳や立山も、この時期に隆起したと考えられている。

前後して現在の槍・穂高の場所に、マグマが地表近くにまで上がってきて、噴火活動を始めた。槍・穂高火山の開幕である。

火山は最初、溶岩を流す穏やかな活動をしていたが、その後、一七六万年と一七五万年前の二回にわたって、大火砕流を噴き上げた。同時に地盤が大陥没して、地表に深さ三〇〇〇メートルに達するカルデラが出現。

一方、カルデラ内部には火砕流が堆積し、火山灰や軽石が自らの熱で溶結して固まっていった。それが槍・穂高岳のほとんどを構成する、層厚一五〇〇メートル以上の溶結凝灰岩となった。

さらに溶結凝灰岩がまだ熱いうちに、南岳あたりのカルデラ中央部が沈下したため、溶結凝灰岩層は中央に向かってタワミを生み、ハンモック状の構造となる。

上高地一帯の形成史を示す、各時代ごとの地下断面

1. 1億5000万年前

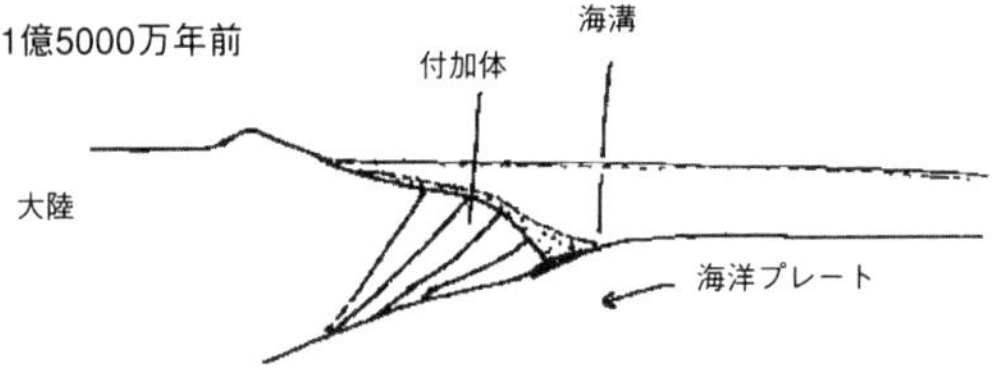

2. 6400万年前（有明―奥又白花崗岩の形成）

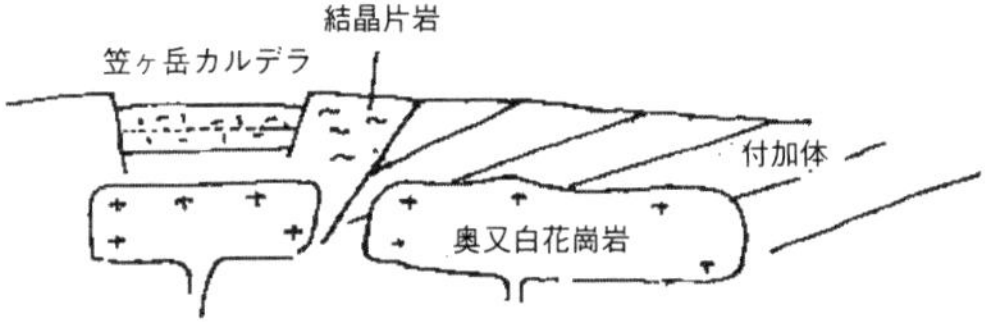

3. 270万年前（新しいマグマの上昇）

4. 約176万年前（槍・穂高火山の活動、カルデラの形成）

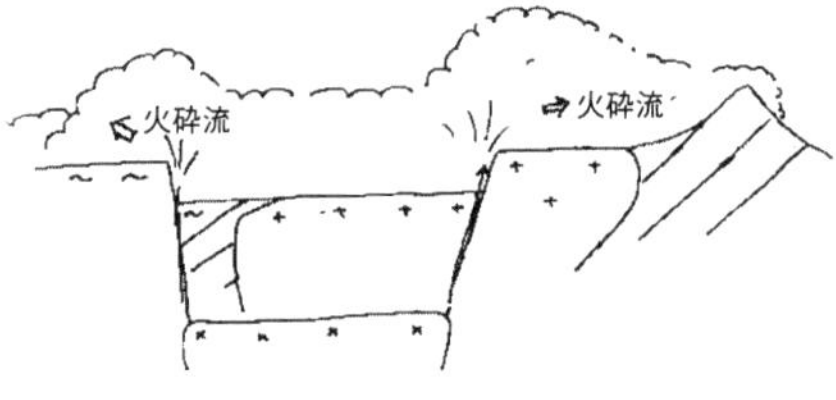

5.　約170万年前（閃緑斑岩マグマの上昇、固結）

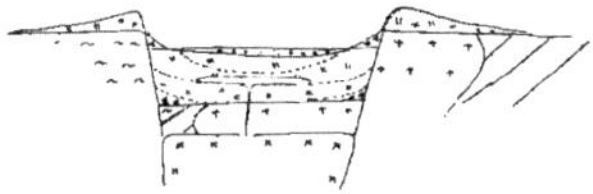

6.　約140万年前
（カルデラ直下へのマグマの底づけ、滝谷花崗閃緑岩の形成）

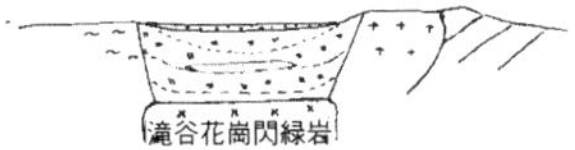

7.　140万年前～（東への傾動運動と浸食作用）

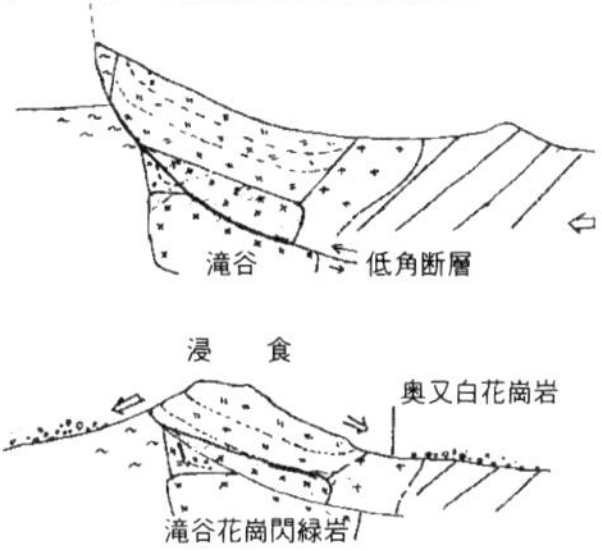

8.　6万～2万年前（山岳氷河の発達と氷食によるカールの形成）

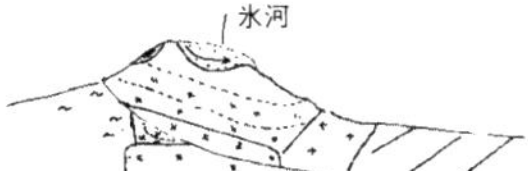

9.　現在　（氷河の消失、カール地形の残存）

このたわんだ凹地に、厚さ三〇〇メートル以上にわたって堆積したのが南岳の凝灰角礫岩層で、この層には河川により周囲から運ばれた砂礫層が挟まれていた。

一七〇万年前には、凝固した溶結凝灰岩の岩層内部の割れ目や、カルデラ壁の弱点に沿ってマグマが浸入し、やがて閃緑斑岩（ジャンダルムほかを構成）や文象斑岩（屏風岩上部を構成）として固結していった。そのときマグマ由来の超高温の温泉水で、奥又白―有明花崗岩が変質し、屏風岩のもとになる岩体が生まれた。

一方、地下のマグマ溜まりは上昇を始め、一四〇万年前には地下三キロの場所でカルデラに底づけしてしまった。

その後マグマの活動は沈静化していくが、プレート間の押し合いの力が変化すると、一四〇万年前には北アルプスでの隆起活動が激しくなる。一〇〇〇メートル程度の低い場所にあった槍・穂高カルデラもしだいに標高を高めていく。

隆起と並行して開始された浸食によって、カルデラの器の壁を形成した岩層はほとんどが失われたが、カルデラを埋積していた溶結凝灰岩が硬い岩質だったため、浸食に対する抵抗力があり、今の槍・穂高の基本構造が残った。

最後に登場したのが、北アルプスを襲った六万年前と二万年前の氷河だった。氷河が岩を削り込み、鋭角に富んだアルペン的景観にデザインしていった――。

以上が地質探偵ハラヤマのまとめである。私たちは彼の研究の成果により、槍・穂高を造った壮大な物語の全貌を知ることができた。それにしても、なんとドラマチックにしてダイナミックなのだろう。この地に二七〇万年前にマグマが上昇してこなければ、槍・穂高連峰は存在しなかった。また氷河の形成される箇所が多少ずれても、現在とは異なる山の形になっていた。

思うに森羅万象、流転のなかに槍・穂高もある。隆起とそれに対する反作用の浸食によって、場所によっては三〇〇〇メートルのカルデラさえ姿を残さず、内部に堆積した硬質の岩＝溶結凝灰岩さえ跡形もない。槍・穂高も「うたかた」だった。

探偵が槍ヶ岳で語ったように、今ある山の姿を愛せばいい、そんな言葉がいっそう重みをもって感じられた。

道の脇にひっそりたたずむ、この一億五〇〇〇万年前に生まれた頁岩の露頭だけが創生ドラマのすべてを見届けてきた。私はその崖に背をもたせて、穂高を仰ぎ見た。目前の風景も悠久の流れの一シーンでしかない。将来はどんな変貌をとげるのだろう。まるで午睡のなかにあるように、穂高は静かにそびえ立っていた。

―第二部―

北アルプス地質迷宮紀行

「デコレーションケーキ」のできるまで

標高2550メートル前後の高原状の台地が広がる雲ノ平は、夏には高山植物が咲き競い、さながら山上の庭園と化す。周囲を取り巻く山々の展望台としても絶大な人気を誇り、多くの登山者の憧れの場所だ。だが、急峻な北アルプスのド真ん中に、なぜこんな穏やかな地形が生まれたのだろう？

従来の単純溶岩台地説を覆し、地質探偵ハラヤマが封印された雲ノ平創生の謎を解き明かす。さらに隣の高天原にも、地質的な事件の痕跡が存在した。温泉も湧く別天地を襲った、厄災の全貌を地質探偵が暴く。最新地質学の到達点がここにあった。

[STAGE 1]

- 1日目／新穂高温泉→双六小屋(泊)
- 2日目／双六小屋→双六岳→三俣蓮華岳→雲ノ平山荘→高天原山荘(泊)
- 3日目／高天原山荘→薬師沢→太郎平小屋(泊)
- 4日目／太郎平小屋→折立

足元に眠る莫大な堆積物の正体

地質探偵のお誘いで、夏の雲ノ平にやってきた。ここにも地質のミステリーが隠されているとの理由からだ。オヤジふたりで湿原やお花畑めぐりも少々照れくさいが、訪れて本当によかったと思う。探偵は高山植物にもくわしい。花や草の解説を聞きながら、地質を離れて、のんびりと雲ノ平の庭園を散策する。

雲ノ平からの見晴らしのよさはどうだ。美しいカールを抱く黒部五郎岳、薬師岳の雄大さや、スイス庭園から見た水晶岳の荒々しさも、なかなかのもの。アルプス庭園からは槍ヶ岳や穂高連峰も望めた。浮世を忘れて山上の楽園に遊ぶ。

周遊を終えた私たちは、ギリシャ庭園に囲まれた雲ノ平山荘のテラスにあるテーブルで休憩することにした。咲き誇るコバイケイソウの白い花が、降り注ぐ日差しを受けて輝いていた。見まわせば、あちこちで高山植物の花が風に揺れる。

「雲ノ平ってどうやって造られたか知っているかい？　北アルプスの最奥部に位置するこんな場所に、なぜこんな平らな地形が広がっているのだろう」

探偵が口火を切った。そりゃきたぞ。いよいよ地質講義の時間である。とにかくユニークな地質。それ以上のレクチャーがないままここに至っていた。

雲ノ平は今回が初めてだったので、私だってそれなりにガイドブックくらいは読んできた。祖父岳が流した溶岩で形成された台地、それにはそう載っていた。

「溶岩台地はまちがいないが、祖父岳は雲ノ平のピークにすぎず、祖父岳の山頂から溶岩が流れ出たわけではない。正確にいえば雲ノ平火山が正しくて、火口は祖父岳の南東か、岩苔小谷の源頭部にあったと思われるが、今では浸食されて痕跡さえない。でも溶岩がトロトロ流れて高原地形を造っ

雲ノ平から望む水晶岳の勇姿

たかというと、そんなシンプルな話でもないようだ。上層はたしかに溶岩でできた岩だが、一転して内部には、信じられないものがぎっしりと詰まっているのさ」

「信じられないもの」といわれれば、中身が聞きたくなるのが人情だ。だが探偵はそれに答えず、大東新道って歩いたことはあるかと聞いてきた。大東新道は、たしか薬師沢小屋と高天原を結ぶ登山道で、雲ノ平の台地の下部に設けられる。もっともガイドブックでコース内容を読んだだけで、それ以上のことは知らない。

「どうせ折立への帰路で使うから、そのときにわかると思うけど、大東新道は雲ノ平台地の側面に露出する砂利層を横切ってつ

雲ノ平の平坦面は10万年前に流出した溶岩が表層地形をなす。背後は黒部五郎岳

けられている。さらに雲ノ平上部までの地層を調べると、礫や砂利の地層が相当な部分を形成していた。山体のあちこちには、表層を形づくっている溶岩が浸食され、内部の〝具〟である砂利が露出した箇所も少なくない。実はこの砂利が、雲ノ平台地の主要な構成要素となっていて、厚いところでは約二〇〇メートルも堆積している。これって相当に妙でしょう。一皮剝けば砂利の山ってことなのだから」

つまり内部に詰まっていたのは、膨大な量の砂利だったのだ。雲ノ平火山の溶岩で表面をコーティングされているが、雲ノ平そのものは砂利の堆積の上に載っているということ。砂上ならぬ、まるで砂利上の楼

黒部川上流の流路図

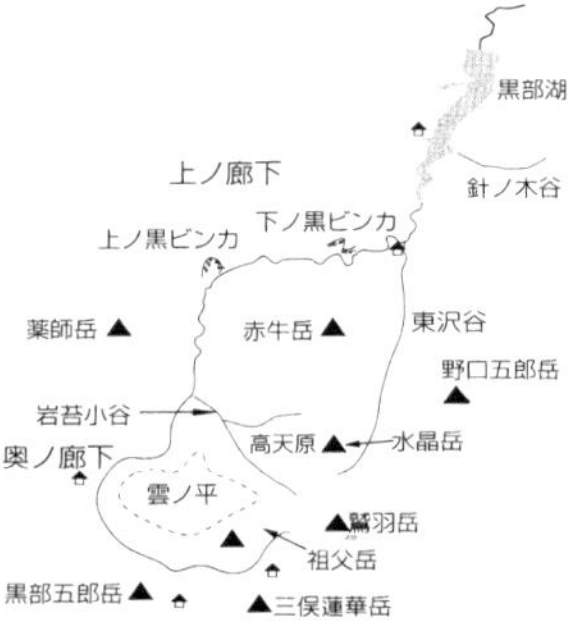

雲ノ平は上部の崖が溶岩、崖の下が170メートルを超える厚い礫層となっている

闇ではないか。

「雲ノ平がこんなに平坦なのは、もともと平らな砂利の層の上に溶岩が噴出したからだよ。単に溶岩が流出しただけでは、こんなフラットな地形にはならない」

南岳の水平地層のところでもふれたが、土台となる層、雲ノ平では砂利層ということになるが、それが平らという部分に今回も秘密があるのだろう。

それにしても、高く積もった砂利層の上にいるかと思うと落ち着かない。足で大地をドンドンと踏みしめてみる。もちろん揺れたりはしないが、なんとも居心地の悪い妙な気分である。そんな私を笑いながら探偵はいった。

「大丈夫、雲ノ平火山の溶岩は厚いところで二五〇メートルも覆っているし、さらに火砕流堆積物や溶岩の地層が途中にサンドイッチされ、これはこれで安定しているんだ」

しかし、層厚二〇〇メートルの砂利とは尋常でない。

「まだ砂利層は固まりきっておらず、このことから見ても、砂利層ができたのはそんなに古い時代ではない」

砂利が平らに積もるとなれば、河川か湖がその成因だろう。南岳の斜面でいった

雲ノ平の砂礫層を構成する５枚の地層の積み重なりを示す柱状図

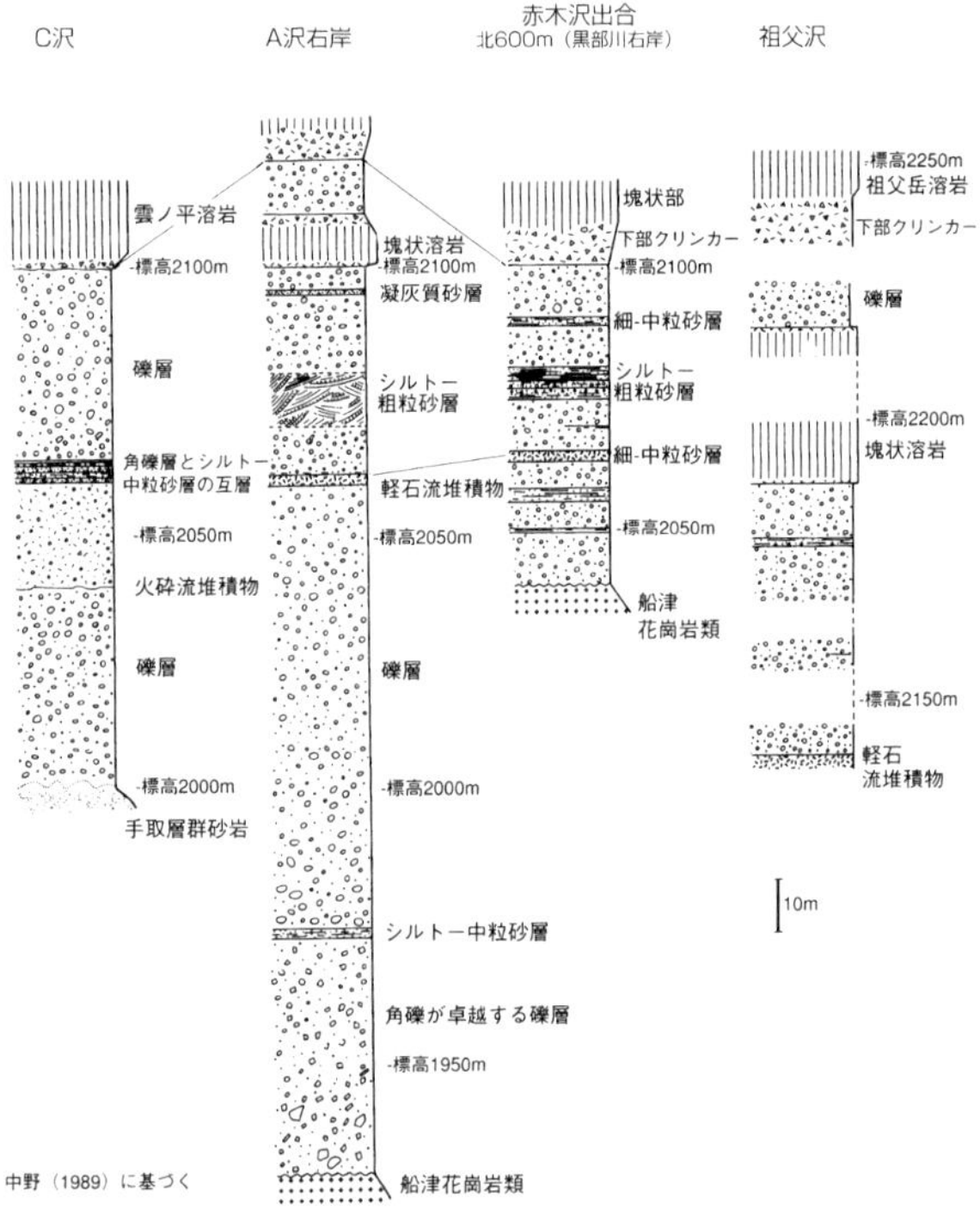

中野（1989）に基づく

セリフと変わらないが、それしか思いつかないのだからしかたない。

しかし、このあたりにある河川といえば、黒部川ってことになるよね。黒部川で何か地質的な大事件が起きたのだろうか。そういえばヤツの調査に同行して、以前、上ノ廊下を遡行したことがあった。そこでも探偵は真剣に岩をチェックし、サンプルの石を集めていた。

「そう、以前にキミと行った上ノ廊下の調査は、雲ノ平の砂利の謎を解くことが目的のひとつだったんだよ」

そうだったの？　そんなこととは露知らず、岩魚釣りに興じていた。ホント、浮かれ放題な私である。だが、二〇〇メートルの砂利の堆積を生んだドラマとは、いったいどんなものなの？　興味が湧いてきた。

「その前に、いい表現を思いついたから、雲ノ平の構造をここにまとめておこう。まず一番下に厚さ一三〇メートルを超える砂礫層があり、その上に樅沢岳火山からの火砕流（軽石流堆積物）が被《かぶ》さっている。この火砕流の厚さは二メートルほどだ。その上に厚さ四〇〜五〇メートルの砂礫がまた載り、今度はその砂利層を溶岩が覆っているのだ。この溶岩の供給元は、浸食されてもう影もカタチもなくなったワリモ岳北方の火山だった。そしてその上部にまたまた砂礫層がくる。そんな五層を、最上部にある雲ノ平火山の溶岩がコーティングしているのが雲ノ平台地の構造だよ。さながら砂礫のパウンドを包むデコレーションケーキといったところ。雲ノ平の溶岩が表面の生クリーム役で、高原にある池塘や高山植物は、さながらケーキのトッピングってところだろう」

雲ノ平の地質構造をデコレーションケーキにたとえるとは——。でも、たしかにわかりやすい説明の仕方ではある。とはいえ、黒部川と雲ノ平の関係が気になってしかたない。いったい何が発生したというのだろうか。

黒部川に起きた「天変地異」

地質探偵ハラヤマは雲ノ平周辺の地図をテーブルの上に広げた。

「黒部川の流れって、地図で見ると変だよね。黒部湖から下流の下ノ廊下はほぼストレートに駆け下るが、黒部湖から上流の上ノ廊下は、西の方から屈曲して湖に流れ込んでいる。さらに上流の奥ノ廊下は、雲ノ平をグルッと取り巻くように周流する。かなり川にストレスが加わった印象を受けないか？」

　いわれてみると、そうだよな。むしろ東側にある支流、東沢のほうがまっすぐ黒部湖に注いで、自然な流れ方をしている。

「地図からは黒部川上流で地形に異変が生じた形跡がうかがえるし、おまけに雲ノ平では膨大な量の砂利の堆積層が出てくる。何かあるとにらんで上ノ廊下に入ってみると、ついに犯人がわかった。あのとき全身ずぶ濡れになって黒部川を徒渉した成果があったってものだ。でも、十月の黒部川の水は心底冷たかったよね」

　唇を紫色にしながら、探偵とふたりで肩を組み合ってお互いを支え、胸まである激

黒部川の上ノ廊下にある下ノ黒ビンガの岩壁

同じく上ノ廊下の上ノ黒ビンガの岩壁

流を渡った日が昨日のように思い出される。深い淵では泳がされもした。

「下ノ黒ビンガという岩壁のある場所を越えて、上ノ黒ビンガに至る途中の支沢で、そいつの痕跡が残る地層を発見したんだ」

そいつ——とは、四十～二十万年前の火山跡で、上ノ廊下火山と探偵が命名したとか。しかし、火山跡というのだから、すっかり浸食されているのだろうが、それにしても黒部川の大きな谷のなかに、火山があったなんて不思議だ。

「いや、現在、上ノ黒ビンガ、下ノ黒ビンガがある場所には、もともと黒部川は流れていなかったのさ。あの梓川が流路を岐阜県から長野県側に変えたように、黒部川上

上ノ廊下火山岩の分布域

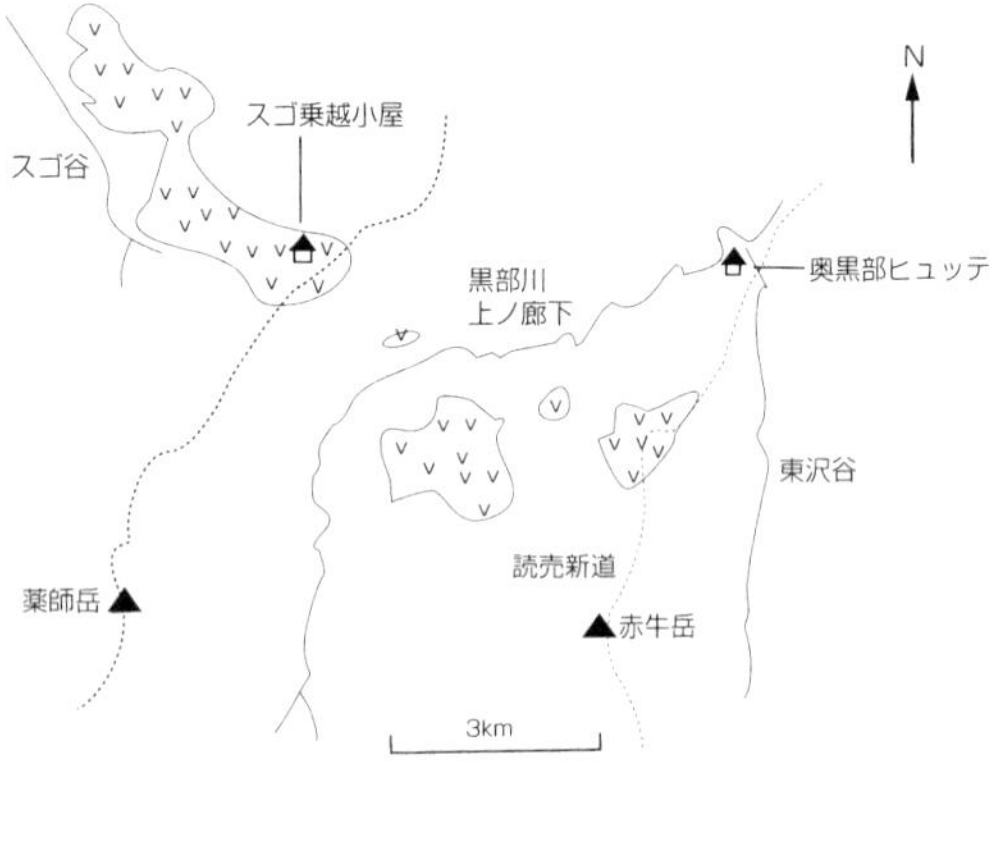

流も別な方向に流れていた。というよりも、もともとは別の川だといったほうが正確だろうね」

　別の川って何をいっているんだろう。わけがわからないぞ、ちゃんと整理して話してくれないか。

「仮にA川としておこうか。この上ノ廊下火山のおかげで、A川は流路を大幅に変えて、上ノ廊下と奥ノ廊下を造って黒部湖に注ぎこむようになった。それが今では黒部川の本流とされている。さっきキミが地図で見た印象を語ったが、本来、黒部川の上流部は、東沢谷だったのだよ」

　雲ノ平の砂利層から始まった話は、またまたとんでもない方向に発展していった。

堰止め時の湖と当時の周辺地形

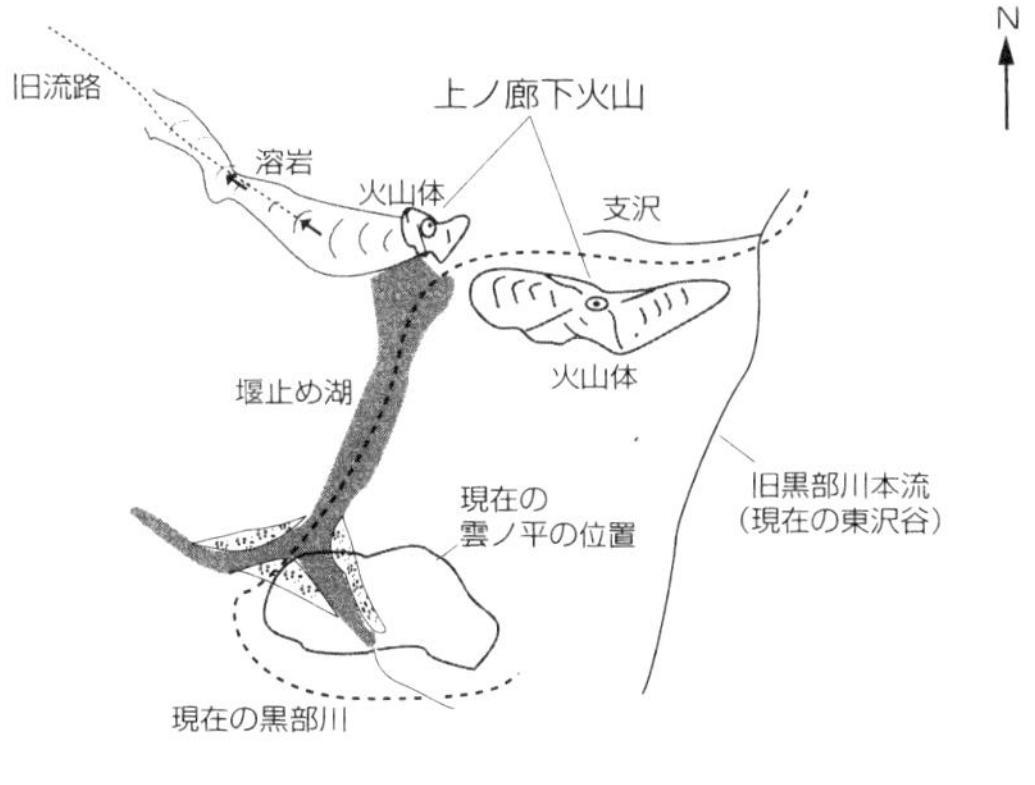

上ノ廊下火山を中心に、時系列でまとめてもらおう。

「四十万年前にはA川は雲ノ平の真下を通り、スゴ乗越付近を経て、今の立山の西側に流れていた。ところがスゴ乗越の東方にあった上ノ廊下火山がマグマを噴出し、その流れを堰止めてしまった。その火山の規模は焼岳クラスだったとボクは推測している」

そして上高地にあった湖のように、巨大なダムができたことで湖が生まれ、そこに砂利が堆積していき、それが雲ノ平の基盤を形成することになった。砂利の埋積量を考えると、ずいぶん大きくて深い湖だったようだと語る。

「この湖も上高地で起きたことと同じく、ある日決壊したんだよ。おそらく東沢の一支流にすぎなかった奥黒部ヒュッテ西方の沢に向かって、決壊した際の大洪水が流れ込んだのさ。上ノ黒ビンガ、下ノ黒ビンガともに花崗岩の岩盤からなる三〇〇メートル級の大岩壁だけど、この決壊時の土砂や水量で岩体の山脚が削られて原型が造られた。湖の決壊時の勢いは、そのくらいすごかったんだ。そんな決壊を境に、今の上ノ廊下の流れに落ち着いていった」

まさに天変地異が起きたってことだ。だから上ノ廊下の上流に、いくつもの屈曲ができたのである。実際、北アルプスでは火山によって地形がころころ変わっているが、黒部川もその一例だった。探偵が発見した上ノ廊下火山による堰止めと、湖の決壊がなければ、そもそも雲ノ平は誕生しなかった。

さて、雲ノ平に生クリームのコーティングを施した雲ノ平火山だが、その火山活動について探偵に語ってもらった。

「湖に堆積した巨大な砂利層を突き抜けて、二十〜十万年前に雲ノ平火山が溶岩をトロトロと流し始めた。湖に埋まった砂利の層だから、上面が平坦なのも当然だよね。溶岩で覆われない部分は、その後、浸食で砂利が損なわれたが、この溶岩のコーティングが崩壊を防いで、北アルプスのド真ん中に、突如として台地状の大きなデコレーションケーキが出現したってわけさ。この火山がなければ、雲ノ平も崩れ去っていたはずだ」

黒部川の奥ノ廊下が今の流れになっているのも、この巨大ケーキを取り巻くように流路がとられているからだった。雲ノ平とそれを造り上げた黒部川の流路変更。ため息をつくほどのダイナミックなドラマである。まさに雲ノ平の美しさは、自然の偶然がもたらした僥倖だった。

「高天原の惨劇」を追う

雲ノ平を後にした私たちは坂道を急いで下り、ウキウキしながら高天原を目指す。目的は、もちろん露天風呂である。とかくオヤジは温泉が大好きだ。ふたりのオヤジは登山道を駆け下る。

温泉は高天原山荘から約十分の距離にあった。せせらぎの音を聞きながらの、野趣たっぷりの露天風呂に目を細める。北アルプスの最奥部で、登山者だけに許された極楽である。温泉につかりながら、ゆったりとした時間の流れに身を任せていると、地質探偵の口から意外な言葉がもれるではな

緩やかな丘陵のあいだに湿地帯が広がる高天原の地形

いか。

「北アルプスの別天地といわれる高天原だが、かつてここは地獄の一丁目だった。その話をしよう」

ということは、高天原でも何か地質的な事件があったのか。それは意外だ。こんなに静かでのんびりした場所なのに……。

「高天原には馬の背状の丘が十カ所ほどあるが、その成因が地質学の世界では謎とされていた。ボクは当初、氷河のモレーンじゃないかと考えた。氷河が解けた後に残る、運ばれてきた岩石の集積地のアレ。でも北海道大学の小野先生は、巨大地滑り説を主張された。しかし両説ともに決定的な証拠がなかった。で、以前、ここに調査に寄ったときに偶然、謎を解くことができたんだよ」

探偵は私をその「謎が解明できたところ」に連れていくという。ビール注入のカウントダウン態勢に入った私には不満だったが、一応地質探偵団の一員だ。風呂から上がって、彼についていく。でも探偵が案内した場所は、なんと高天原山荘の北側、温泉からも間近に望める崖だったのである。

「温泉につかって、ぼんやり川下を眺めていたら、目の前に証拠の糸口となりそうな地形が顔を出しているじゃないか。これも普段のオコナイのよさ（笑）」

　そんなラッキーでも、発見は発見である。しかし私には何がいったい証拠なのか、いくら目を凝らしても探し出せない。ただの崖ではないか。

「単なる崖じゃないよ。内部の構造をさらしていて、それがミステリーを解く重要なカギになった」

　探偵は崖のそばに私を誘って、構造の解説を始めた。

「氷河のモレーンなら、穂高の涸沢にあるように中身は雑多なサイズの岩片から構成されているはず。ところが、ほらこのとおり。巨大な岩のブロックが割れて、ジグソーパズル状に壊れかかったものばかりが詰まっている」

　それがどうしたというのか。たしかに探偵がいうように、岩の塊はさながら「ジグソーパズル状」に分裂していた。涸沢で見るモレーンとは形状も異なる。


山体崩壊で生まれた丘の内部がのぞける地点

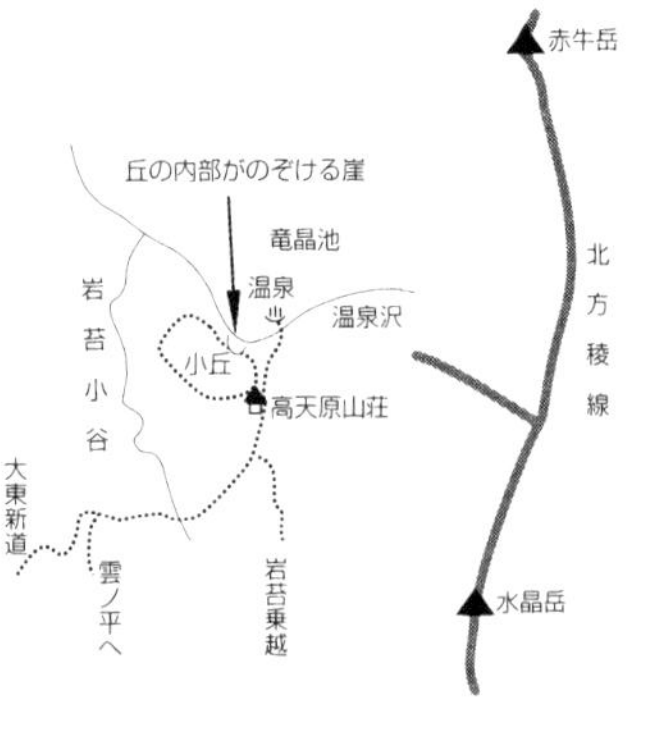

この崖は氷河で集積された岩片の堆積物ではない。モレーンでないことはわかったが、なぜそれが、さっきいった地獄の一丁目になっちゃうわけ？

「この崖を構成している岩石は、花崗岩と手取層（次の薬師岳編で解説）の堆積岩だ。どこからきたかというと、水晶岳北方の尾根付近からなんだよ。このふたつの岩石がそろって分布するのはここしかない。岩質を比べてみたからまちがいない」

水晶岳は高天原からは近いが、すぐそこって距離でもない。それなのに、なぜここに崖となって存在するのか？　探偵は水晶岳の方向を指していった。

「高天原にある馬の背状の丘は、氷河か何

巨大な岩のブロックが割れながらもバラバラにならずに移動してきたことを示すジグソーパズル状の割れ目

かが水晶岳から運んできたんじゃなくて、あそこから直接ぶっ飛んできたのさ。地質学ではそれを山体崩壊と呼んでいる。転落の衝撃で岩石がジグソーパズル状にブッ壊れたが、ジグソーパズル状は、山体崩壊を起こしたときにブロック内部にできる、特徴的な構造だった」

高天原山荘の脇にある崖の正体は、水晶岳北方稜線の山体崩壊によるものだった。ただの落石ではなく、小山レベルともなれば相当に恐ろしい話だ。

事件は氷河時代が終わり、温暖化が進む時期に起きたという。氷河が解けた後、不安定になった水晶岳北の稜線が大崩壊して、巨大な塊のまま高天原になだれ落ちてきたという構図。それはすさまじいものだったろう。

高天原山荘が建つあたりも、山体崩壊当時は荒涼とした風景が広がっていたはずだと探偵は語る。谷を埋積した崩壊堆積物によって、湖も造られた。しかし湖もやがて消滅し、しだいに湿地に変化して、現在の別天地、高天原が造られていった。

「ここ数年、専修大学の苅谷先生たちが、崩壊時期と崩壊源頭部を決めるべく精力的な調査を進めているので、詳細な報告がなされるであろう。楽しみだ」

楽園創造の背後に事情アリ――ということだが、今の水晶岳は安定していて、山体崩壊の危険性はないと探偵はつけ加えた。言葉を聞いて、ひと安心したことはいうまでもない。これで今夜も高天原山荘で大酒が飲める。

この山体崩壊現象は、一九八四年に長野県西部地震を引き金にして、御嶽山でも起きていた。また、七里岩ほか山梨県の韮崎市周辺に丘状の地形が多いのも、八ヶ岳の古阿弥陀岳（推定標高は三四〇〇メートル超）が、山体崩壊を引き起こした結果だと探偵は話す。八ヶ岳では平安時代前期に稲子岳が同じく山体崩壊し、そのときの土砂が川を堰止めて松原湖が誕生した。

私も探偵ハラヤマも、高校時代に何度か八ヶ岳の稲子岳南壁を登攀したが、壁は山体崩壊によって生まれた崩壊面だったのだ。八ヶ岳では珍しくハーケンがきく岩場として、私は稲子岳をかなり気に入っていた。今では落石が激しくて、左端のカンテだけが登攀の対象とのことで、さみしいかぎりである。

山体崩壊の例は会津磐梯山ほか、枚挙にいとまがないほどだとか。富士山だって、いつかは山体崩壊を起こし、現在の優美なシルエットではなくなってしまうそうだ。

もう一度風呂にもどって温泉を満喫した探偵と私は、心地よい風を浴びながら小屋の周辺を散策した。湿原にニッコウキスゲの黄色の花が揺れ、雲ノ平とはちがった趣が、高天原を支配する。東にそびえる水晶岳が、西日に茜色に染まり出した。まさに別天地。できるなら何泊もしたいほど。読者にも探訪をおすすめしたい。で、高天原に行ったら、山荘の北側にある崖にもご注目を。そこにはかつて高天原を襲った惨劇の爪痕が残っているのだから。

大陸生まれの巨峰の誕生秘話

薬師岳と笠ヶ岳はともにボリューム感に富む山だ。なかでも薬師岳は北アルプスを代表する巨峰中の巨峰といっていい。ふたつの山は造られ方も似かよっていて、さながら兄弟の観があると地質探偵ハラヤマは語る。

両山はともに大陸で生まれたそうで、ここではそんな北アルプスのジャイアント、薬師岳と笠ヶ岳の誕生ドラマに迫った。

また笠ヶ岳は、探偵が学生時代に初めて研究対象とした山でもあった。探偵自らの筆で、笠ヶ岳にまつわる話をしてもらおう。

恐竜と薬師岳の不思議な関係

先日、雲ノ平を訪れて、一番感動した風景は黒部川対岸にそびえ立つ薬師岳の雄姿だった。個性を競う北アルプスの峰々にあって、その圧倒的な力感は目を惹きつけてやまなかった。とにかくデカイ、デカすぎるのだ。それでいて大味にならず、品位と格調をほのかにたたえているのがこの山の魅力だろう。そんな秀峰の姿をカメラに納めるため、雲ノ平では何枚もシャッターを切った。

本日は、その自信作のお披露目である。いつものバーに行くと探偵は先に着いていて、すでにチューハイのお代りをするところだった。さっそく私は作品をテーブルに並べる。薬師岳のもつ魅力をそれなりに写真に結実できたつもりだ。

プリントを手にとった探偵は、しばらく見入った後、

「これが一番よく撮れているよ」

と、一枚を手渡してきた。その写真は岩苔小谷の乗越から撮影したもので、せっかくのピークが判然としないアングルゆえに、私的には評価が低い。それより祖父

岳山頂から雲ノ平を前景に入れ込んだ写真のほうが……。

「いや、この角度からがベストだ」

そうかな、山全体がモサッとしている感じだぜ。だが、次の言葉でヤツの真意がようやく理解できた。

「本当によく撮れているよ、この縞模様」

探偵がその写真を選んだのは、芸術性うんぬんではなく、薬師岳の中段に走る縞模様がしっかり写っていたからなのだ。私は思わず首をガクンとさせた。

とはいえ撮影したときには、あることとさえ気づきもしなかった中腹の横縞模様だ。写真で見ると、きれいに水平方向に延びている。薬師岳の東面に、なにやらいわくありげな模様があったのか。こうなると、探偵にこの縞模様の意味をお教え願うしかない。ということで本日もまた地質講義が始まってしまうのだ。

「山体の中央部を水平方向に走る模様は、有名な手取層《てとり》というんだ」

手取層って、どこかで聞いた気がするな。なんだっけ？

「恐竜の化石が出ることで知られる地層だよ。福井県ではこの地層帯で、化石の発掘調査が続けられている。それと同じ手取層がここにも露出しているのさ。この写真のように岩苔小谷の乗越からが顕著だが、赤牛岳からも視認できる」

といういうことは、薬師岳からも恐竜の化石が出るのかい？

「その可能性は高いだろうな。恐竜の化石が眠る山。ロマンあるよね」

手取層は浅い湖に堆積した泥や砂利が固まった水成岩で、年代的には一億三〇〇〇万年から一億二〇〇〇万年前後の地層だそうだ。

ということは、読者もお気づきだろうが、手取層は日本列島でできた地層ではない。列島が現在の場所に到着したのは一五〇〇万年ほど前だから、一億ウン千万年前となれば、まだロシアの沿海州あたりに列島が

写真右側の縞模様が１億２～3000万年前の手取層群の地層

あった時期である。そのあたりのことは、第一部「槍・穂高連峰編」で探偵からレクチャーを受けた。

大陸の緑の多い水辺を恐竜がノシノシと歩きまわっていた。そんな環境が地層となり、なぜか薬師岳の中段に存在するなんて、やっぱり不思議というしかない。

そんな感想を伝えると、探偵いわく。

「そうかな、少しも不思議じゃないと思うよ。だって薬師岳自体が、もともと大陸で生まれた山なのだから」

探偵とつきあっていると、ときどきめまいがする。薬師岳が「大陸産」の山といわれれば、誰だってクラクラするだろう。でも考えてみたら、日本列島がまだ大陸にあった時代に生まれた山なら、たしかに大陸産である。さらに薬師岳だけではなく、笠ヶ岳も大陸産だとか。だからこのふたつはスケールが大きい？　この際、薬師岳と笠ヶ岳についてもきちんと解説してもらおう。

大陸の縁に誕生した兄弟火山

薬師岳と笠ヶ岳は成立時期も近いし、成因もそっくりだと地質探偵は話し始めた。

「年代でいえば薬師岳が六五〇〇万年前、笠ヶ岳もほぼ同時期に生まれた。ともに巨大なカルデラ火山だった。それが日本列島の移動にともなって運ばれてきた」

それにしても六五〇〇万年前といえば、恐竜が滅びた頃だ。なんとも年代物の山である。そして薬師岳もカルデラ火山だったという。縞模様を指摘されたとき、そんな気がしたものである。笠ヶ岳がそうだと南岳の獅子鼻（第一部）で聞いていたが、カルデラ火山は槍・穂高岳だけではなかった。

「槍・穂高と同じように噴出物を吐きながら地盤が陥没し、そこに溜まった堆積物が、およそ一四〇万年前に始まった北アルプスの壮大な隆起活動で、地表に現われて山となった。もっとも二七〇万年前に始まった第一次隆起のときに、ある程度の高さにはなっていたようだけどね。それでも当時の標高は一〇〇〇メートルくらいかな。薬師岳、笠ヶ岳ともに、後に前穂高の東面や燕岳などを構成する、奥又白―

有明花崗岩を作った巨大なマグマが地表に噴出したものだ」

　しかし槍・穂高の一七六万年前に比べ、その歴史は猛烈に古い。

「当時の大陸の状況は、今の南米チリの西海岸とかなり似かよっていた。チリでは海洋プレートが大陸プレートの下に潜り込むことで、大陸の縁に沿ったアンデス山脈上に火山列が生じているが、そのころの沿海州も同じ。海洋プレートが沈み込むことで、いくつかの火山が造られていった」

　その火山が生じる仕組みをこう補足する。

「海洋プレートによってもち込まれた海からの水分が、高熱のマントルの融点を下げ、マグマが生まれやすくなるからなんだ。大

沈み込み帯でのマグマ発生を示す地下断面

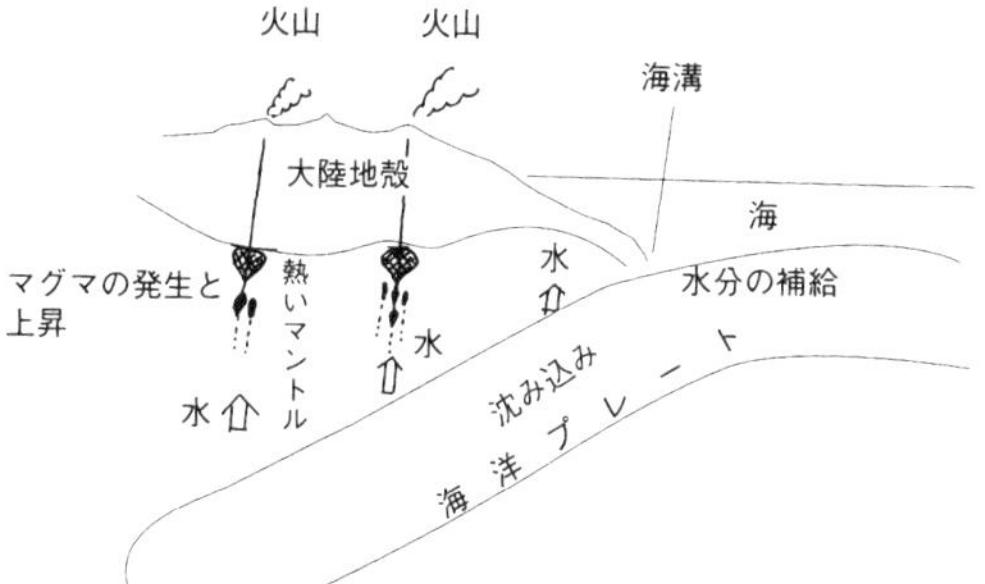

陸の縁の部分でプレートの沈み込みによって誕生した火山。それが薬師岳と笠ヶ岳だったのさ」

探偵の説明を聞きながら、私には気になる点があった。薬師岳で確認できる縞模様は手取層とのことで、それは大陸の沼地の土砂が変化した水成岩だという。たとえ横模様をなしていたとしても、火山性のものではない以上、そのことで薬師岳＝カルデラの証明にはならないと思うのだが。

穂高では溶結凝灰岩が層状をなしていた。南岳の凝灰岩も同じである。溶結凝灰岩や凝灰岩は火成岩であって、水成岩ではない。この点について明確な回答を断固、探偵に求めたい。少々勝ち誇って私はそういった。

「そうきたか。槍ヶ岳でカルデラの器にあたる土台石についてふれたけど、薬師岳の手取層は土台石に相当するものだ。だから火成岩でなくてもいい」

なるほどね。聞いて納得、私の認識不足だった。

「でも、ここまで大々的にカルデラの土台石をさらしている山は、世界的に見ても例がないよ。それだけこの地にかかった隆起と浸食活動が激しかった証拠だね。この手取層からなる土台石の上に巨大なカルデラは存在した。もっともカルデラと内部を埋めた火山岩の多くが失われ、流紋岩質の溶岩と凝灰岩から造られた岩石が山体の上部を形成するのみだ。さらに手取層のすぐ下には、カルデラに底づけされたマグマが冷えて固まった花崗岩が露出している。火砕流や溶岩を噴出した旧マグマまでが露わになっているということで、浸食パワーには脱帽だ」

そんな薬師岳に対し、笠ヶ岳のほうはカルデラ内に埋積した火砕流堆積物がはっきり層状になって残っていて、構造がわかりやすいのだそうだ。

ちなみに、薬師岳の山体を横切る手取層は、遠くからは水平に見えるが、近くで観察すると南北方向の力で地層が屈曲（地質

薬師岳カルデラの地下断面図

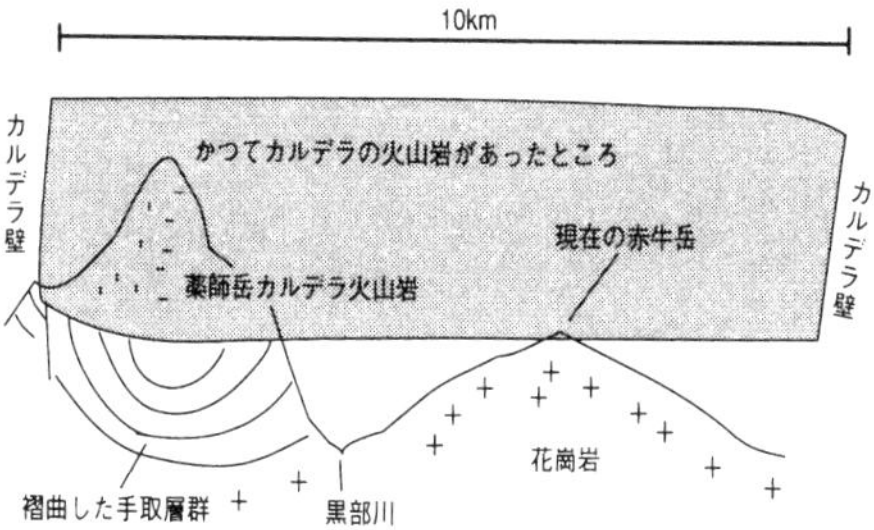

用語では褶曲）しているのだという。

　また手取層は薬師岳周辺の山にしばしば露出し、とくにフラットな山容で知られる北ノ俣岳は、手取層で山体が造られているという。隆起活動を受ける前の、かつての平坦地形のなごりともいわれる北ノ俣岳だが、よく注意して歩けば、ひょっとすると恐竜の化石やその足跡の痕跡に出くわすかもしれないとのことだ。

「薬師岳のカルデラは直径一〇キロほどで、その中心は今の赤牛岳あたりにあった。大きなカルデラ火山だったんだね。ただし、土台石さえ露出させる猛烈な浸食の結果、カルデラ東側の構造は野口五郎岳南の真砂岳一帯を除いて見る影もない。西のカルデ

北ノ俣岳一帯に広がるなだらかな斜面は、浸食作用でできたかつての平坦地形（準平原）のなごりとする意見と、氷河による浸食作用との意見が対立している

ラ壁の一部が薬師岳として残っているだけなのだ」

今の薬師岳のボリュームでほんの一部か――。往時の規模を想像すると、雲ノ平や水晶岳、さらに野口五郎岳あたりまでカルデラは覆っていたようだ。このレベルの巨大火山になると、相当に猛威を振るったにちがいない。だが、そんなことを微塵も感じさせず、今では静寂を保つ。山のドラマは実に奥が深い。

一方の笠ヶ岳にも、ダイナミックな造山ドラマが秘められていた。槍・穂高火山の猛烈な脅威にはふれたが、笠ヶ岳も負けず劣らずで、溶岩・火砕流の放出は、五〇〇平方キロにも達するというのだから、暴れ

ロッククライミングのゲレンデとして知られた錫杖岳。笠ヶ岳カルデラから噴出した硬い流紋岩溶岩からできている

ん坊ぶりはすさまじい。槍・穂高の一回目の噴出量、四〇〇平方キロよりも多く、高熱の火砕流で周囲を焼き尽くしたことだろう。六五〇〇万年前の大陸時代には、かなりの問題児だったはず。

「笠ヶ岳は複式カルデラ火山で、少なくとも三回の大きな陥没があった。穂高から望む笠ヶ岳東部の山体は、二回目と三回目の陥没でできたカルデラを埋積した火山岩でできている。先にできた外側のカルデラを流紋岩という溶岩が埋めていて、その後、巨大火砕流を噴出してできたのが内側のカルデラだ。今、東面に見える横縞は内側のカルデラの断面だよ。笠ヶ岳のとくに西面には、膨大な量の火砕流堆積物が残っていて、それから判断しただけでも火山の猛威は想像を絶する。それが今では、こんなに穏やかな印象の山に変化するのだから不思議だね」

なお、笠ヶ岳から連なるロッククライミングで有名な錫杖岳の岩壁は、二回目の陥没でできた外側のカルデラ形成時に噴出した流紋岩溶岩の残存物だそうだ。薬師岳に比べれば、その点でもカルデラ構造をかなり残している。

モンスター級だったいにしえの巨大カルデラ火山、薬師岳と笠ヶ岳を思って今夜は探偵と痛飲することにしよう。

我が愛しの山、笠ヶ岳物語

笠ヶ岳は地質探偵ハラヤマにとって、思い出の深い山である。彼の北アルプス地質調査はこの山からスタートした。いわば原点の山なのであった。

語られてきた学説には納得できないものがある――。真実は自らの手でつかむのだ。若きハラヤマは自分の学説を打ち立てるため、たぎる思いを胸に、たったひとりで道なき道に分け入っていった。そんな探偵のスペシャルエッセーである。

まさに笠の形状をしている笠ヶ岳の山頂部

■マイナーだが通好みの山、笠ヶ岳

岐阜県には数々の名峰や高峰がひしめいているが、その多くが周辺諸県との境界に位置しており、岐阜県が山頂を独り占めできる山としては、笠ヶ岳（標高二八九七・五メートル）が最高峰になる。

笠ヶ岳はどの方面から見ても秀麗だと思うが、立山など北の方向からの山容、とりわけ雲ノ平から、黒部乗越の鞍部の向こうに凛《りん》としてそびえ立つ姿には、いつもほれぼれとさせられる。山名はおそらく菅笠の形に類似することに由来するのだろうが、笠ヶ岳あるいは笠岳と称される山名は全国各地に見出される。志賀高原の南には標高二〇七五・七メートルの笠ヶ岳が、また尾瀬ヶ原、至仏山の南西にも笠ヶ岳（標高二〇五八メートル）があるが、標高二〇〇〇メートルを超えるのは、我らが北アルプスの笠ヶ岳を含めた、これら三峰だけのようである。

その昔、笠ヶ岳に登頂した播隆上人は、山頂から槍ヶ岳を望んで彼方の頂の開山を決意したといわれるが、その数十年後、日本アルプスの父ウォルター・ウェストンは穂高岳登頂の際に笠ヶ岳を望んで、次なる目標を笠ヶ岳に決めたそうである。北アルプスの主稜線から大きく外れ、あたかも独立したような印象を与えるところが笠ヶ岳の魅力であり、また笠ヶ岳愛好家にとっては大変ありがたいことに、常にマイナーな存在でいてくれる理由ともなっていよう。

■死線をさまよったあの日、あのとき

一九七三年八月に卒業論文の予備調査で、初めて笠ヶ岳に登った。

笠新道を経て頂上に至り、翌日クリヤ谷に下って槍見温泉に下山した。今ではほとんど通る人もいないクリヤ谷コースの長さに驚いたが、翌春からはそのコースが卒業論文調査の「通学路」のひとつとなったのである。

以来、調査で入山した日数は、笠ヶ岳方面だけで五〇〇日、北アルプス全体では二一〇〇日なので、その四分の一は笠ヶ岳に費やしたことになる。

笠ヶ岳は私の研究の原点であり、青春の思い出の山である。

対面する槍・穂高連峰に登れば、笠ヶ岳の東面の崖にはほぼ水平で明瞭な縞模様が見て取れる。この縞模様の実態を探るのが、卒業論文のテーマとな

笠の形状を示す笠ヶ岳山頂部。右肩のピークは小笠

っていた。縞模様は、黒部五郎岳などから望む笠ヶ岳の西側山腹にも現われており、また遠く高山盆地からも、南面の縞模様が遠望できるのだ。模様は高山祭りを描いた記念切手の背景の図柄にも描かれている。

予測調査で、笠ヶ岳がさまざまな火山岩類の積み重なりでできていることを知った私は、縞模様が火山岩層によるものであり、模様を上下にたどれば火山活動の歴史が復元できるものと、翌年の卒論調査への期待に胸をふくらませていた。

今でこそ笠ヶ岳の登山路は新穂高側

笠ヶ岳西面にもカルデラ埋積火山岩層の縞模様が観察できる

にとられているが、播隆上人は高原川の一支流である笠谷、南西からのルートで登頂した。
また、笠ヶ岳の北西に位置する金木戸川流域では、木材運搬のための森林鉄道が一九六〇年代まで敷設されており、林鉄が廃止されてからしばらくの期間は、小倉谷から南東尾根を経て笠ヶ岳頂上に至るルートは健在だった。
さらに林鉄終点から打込谷、双六谷上流を経て双六池に至るルートも、小池新道開設以前は主要なコースとして使われていたらしい。
裏側に位置するこうした登山道は、

金木戸川沿いのアプローチがきわめて長いこともあって、今ではすっかり廃れてしまった。

そんな事情もあって、地質調査を進めるうえで困難を極めたのは、この裏側の地域だった。笠ヶ岳東面（表側）の穴毛谷は急峻ではあるが、残雪期には各ルンゼとも比較的容易に登下降が可能で、新穂高温泉からの日帰り調査ができた。

ところが、笠ヶ岳の裏側の調査には、まず必要な物資を山頂近くの笠ヶ岳山荘までボッカ荷揚げし、それから打込谷なり小倉谷に下降してから二日ほどかけ、別ルートを登り返すというかなりハードな行程が必要となった。

お金のない学生時代、それに今のような軽量のテントもない時代だ。農業用の厚手のビニールシートを持参し、立木に結んで粗末な宿所としたのが懐かしい。しかし、ひとりの調査は心細くもあり、夜中にゴソリと音でもしようものなら、なかなか寝つけずに長い夜を過ごしたこともあった。

一九七六年九月後半のある日、年代測定用に採取した二〇キロの岩石試料を背負って打込谷上部の滑滝を登っていると、急に天候が崩れて冷たい雨が降りだした。十八時十五分、笠ヶ岳北西尾根経由で山荘にもどろうと、ようやく尾根にたどり着いた途端に、吹きすさぶ強風が急速に体温を奪っていった。

十歩登っては休み、十歩登っては休みを繰り返してたどり着いた標高二七四〇メートル、あと小屋まで標高差七〇メートルという地点である。テントも張れない横殴りの雨のなか、体力も気力も尽きて、フラフラと寝袋を取り出そうとしている私がいた。

もうどうにもならずに、ここで寝てしまおうとしていたのだ。ふと我に返ると、死の恐怖が全身を貫いた。気を取り直して、ようやくチーズとウイスキーを取り出して口にすると、幸いなことに気力が回復してきた。

試料の入ったキスリングをその場に放棄し、観察データを記入した野帳（フィールドノート）と地形図の入った調査カバンだけを持って、再び歩みだしたのは三十分後だったか、一時間後だったかはわからない。

ガラガラと岩屑の積み重なった北西尾根を、ほとんどはい登るようにして小笠のピークにたどり着き、風雨の向こうに山荘の明かりが見えたとき、これで死なずにすむと思った。

山荘到着、二十時三十分。異様な私の状態に気がついた山荘の人々が、ストーブと熱いおじやを用意してくれた。本当にありがたい。ストーブに抱きつくようにしても、三十分近く震えが止まらないほど体温が低下していたのである。

翌日、天気は小康状態となり、昼近くにキスリング回収に北西尾根を下降した。前夜もうろうとした意識で取り出した荷物が散乱し、死線をさまよった現場が視界に飛びこんできた。ほんのちょっとした状況の差でまちがいなく、この世にはいなかっただろう。山荘には夕方から初雪が舞った。

■縞模様の謎がやっと解けた

約五年がかりの調査を経て、笠ヶ岳の山体を造る地質は、六五〇〇万年前（白亜期末）のカルデラ火山によってできたものであることが明らかとなった。二重の陥没構造を有する典型的なピストンシリンダー型のカルデラ火山で、カルデラ内には厚い火砕流堆積物と溶岩が陥没を繰り返しては堆積していた。

この繰り返し堆積した火山噴出物の

層が、その後の北アルプスの隆起にともなって激しく浸食され、笠ヶ岳の東面に現われたのが縞模様の実態であった。新穂高ロープウェイから望む縞模様は、かつてのカルデラ火山の深さ一五〇〇メートルにも及ぶ内部を示しているのである。

■カルデラは火山の花形地形

カルデラとは、通常の火口（径一キロまで）よりも大きなほぼ円形の火山性の凹地地形を示す言葉で、「陥没カルデラ」「爆発カルデラ」「浸食カルデラ」に分類される。

カルデラはさまざまな火山地形のなかでも、もっともスケールの大きなものであり、多くの研究者の興味を惹いてきた。なかでも陥没カルデラはマグマの噴出にともなって生じるスケールの大きな地形であり、その形成機構については今なお各方面で議論が続けられている。

一般に陥没カルデラは、マグマの噴出により生じた地下の空洞（正確には低圧化領域）に山頂部分が落ちこむことで形成される。

なお、火山性の陥没により生じた構造を「コールドロン」と称し、本来火

6500万年前のカルデラ断面に現われた、火山岩層を示す縞模様

山地形の用語であるカルデラと区別して用いられることが多い。

これは火山地形としてのカルデラが浸食により失われても（ほとんどは数十万年程度の期間で消え去る）、地下に延びる陥没構造は数千万年以上にわたって残存し、そこに陥没カルデラがあったことを示してくれるからだ。

その意味では、笠ヶ岳は正式にはコールドロンと呼ぶべきだろう。だが、本書では平易にカルデラと称することにする。

日本では阿蘇、支笏、十和田、洞爺などがカルデラ火山として有名だ。こ

笠ヶ岳のカルデラ面の縞模様

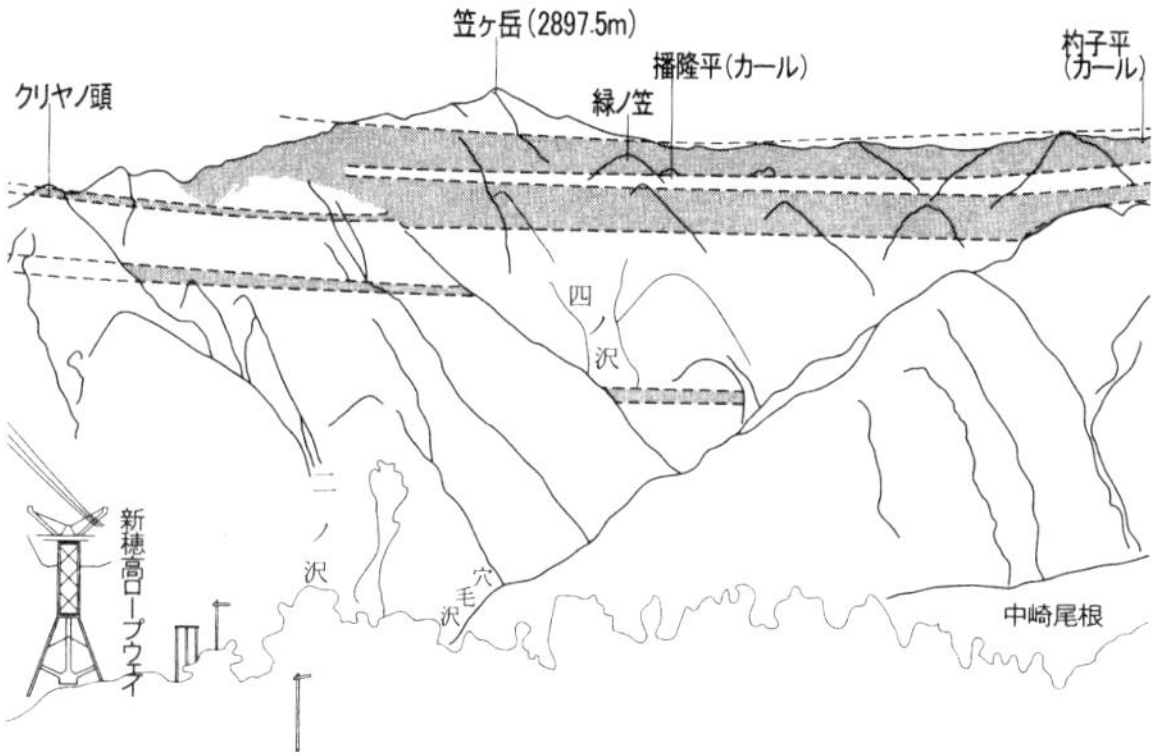

れらはいずれも陥没カルデラに分類されるが、カルデラの輪郭は多角形状であり、環状割れ目をともなわない（多角形型）。

それに対し、世界の巨大カルデラの多くは環状割れ目に沿ってピストンシリンダー状に陥没するタイプ（第一部ピストンシリンダー型カルデラの図参照）であり、噴出量数百立方キロから二〇〇〇立方キロに達する巨大火砕流の噴出が要因となって生じている。

日本において環状割れ目をともなうカルデラは、活火山としては一般的に知られていないものの、数百万年前の

陥没カルデラの2つのタイプ

多角形型カルデラ

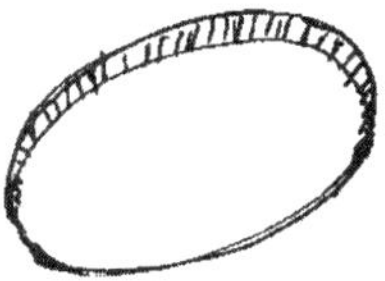

ピストンシリンダー型カルデラ

時代（鮮新世）に活動した火山によってできたカルデラが、東北日本の脊梁部を中心に多数見つかっている（鬼首カルデラなど）。

カルデラの輪郭の形状を決めるのは、地表近くの岩盤にかかっている応力（ひずみ）の差だと考えられているが、多角形型はマグマの噴出に先行した陥没に特有の形態だとする意見もあり、研究者のあいだでもまだ完全には決着していない。

カルデラとして陥没の生じるタイミングについても、研究者により大きな見解の差が生まれている。

カルデラを調べると、一般にカルデラ内部に溜まった火山岩層は、カルデラ外に堆積した同一の火山岩層よりもはるかに厚い（四～五倍以上）ことが、研究者のあいだではよく知られている。

この厚さのちがいを説明するのに、一方の学者は該当する火山岩層を堆積させた噴火より前に陥没が生じ、カルデラ内と外部のあいだに落差ができていたと主張する（初期陥没説）。他方の学者は、噴火開始とともにマグマ溜まり内部の圧力が減少し、火山岩層の堆積直前から同時期にかけて陥没が進行したと説明する（噴火―陥没同時進行説）。この議論も決着がついていない。

問題解決の鍵を握るのは、

①カルデラ床（カルデラ内の火山岩層の土台となる部分）のすぐ上に、噴火以前にすでに凹地を生じていたことを示す堆積物（湖に溜まった堆積物など）があるかどうか？

②カルデラの陥没壁に接する火山岩層（とくに初期の噴火による）に陥没にともなう変形構造があるかどうか？

この二点である。

いずれも噴火初期の堆積物が鍵を握るため、カルデラ内部にある岩石の露出条件が限定されてしまい、二次的変形や変質作用を被りやすいなど、観察困難なことが多い。

数少ない確実な観察によれば、両説ともに裏づける例が見つかっているものの、初期陥没の落差には上限があり、数百メートル以上の落差の陥没は、噴火と同時進行したと解釈できる事例のほうが多そうである。

できたばかりの陥没カルデラは、火山地形をよく残してはいるが、カルデラ内部の火山岩層の積み重なり（形成史）や構造を観察するには、ボーリング調査など多額の経費を要する。したがって、地熱開発など特別のプロジェクトでもないかぎり、こうした観察調査は難しいのが現状である。

これに対し、数百万から数千万年の年月を経て、浸食によって姿を現わしたカルデラ火山（コールドロン）は、カルデラ内部の火山岩層や構造が地表に露出して観察を行ないやすく、カルデラ火山の形成機構を研究するうえでまたとない対象を提供してくれている。その点も含め、笠ヶ岳カルデラはきわめて貴重な研究対象といえるのだ。

■内部構造をさらす笠ヶ岳

ちょうど恐竜が絶滅した時期に当たる六五〇〇万年前、当時アジア大陸の東縁部に位置していた日本には多数の火山が活動していた。

濃飛流紋岩類と呼ばれている火山岩は、当時の火山活動の産物としては日本を代表する岩体で、岐阜県下（美濃・飛驒）を中心に約五〇〇〇平方キロにも及ぶ広大な面積を占めている。笠ヶ岳カルデラは、濃飛流紋岩に隣接する同時期の火山で、直径一〇キロで露出面積は約一〇〇平方キロ。一連のカルデラ火山活動のひとつではあったが、どちらかというとやや小粒の部類に属し、いわば弟分に当たるといえよう。

が、分布面積こそ小さいが、起伏の激しいアルプス地域に位置しているために、陥没カルデラの内部構造が実によく現われている。

　このようにカルデラ火山の地下部分が地表に露出し、内部構造をくまなく観察できる例は世界的に見ても珍しい存在といえる。

笠ヶ岳カルデラの平面図（現在の姿）

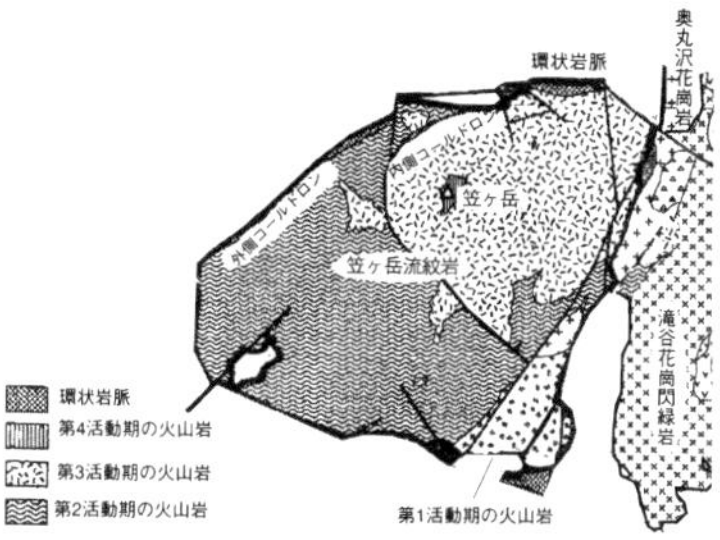

内部構造から、笠ヶ岳カルデラは環状割れ目をともなう典型的な陥没カルデラで、カルデラ床の破砕のまったくないピストンシリンダー型陥没カルデラであることが判明した。

噴火は大きく四つの時期に区分され、岐阜県の中尾集落付近に第一活動期の火山岩層が堆積している。

この第一活動期のカルデラの基底部には礫岩や砂岩など、周辺から河川によって集められてきた堆積物が確認されているが、これらが初期陥没直後の堆積物である可能性は否定できないもの の、ここに長期にわたって湖があった証拠ではないと考えている。

さらにステージが進み、第二活動期の火山岩層（溶岩主体）は蒲田川から笠谷にかけて広く分布し、明瞭な環状割れ目が典型的な陥没カルデラの形態を示す。

また、環状割れ目に沿っては、連続性のよい花崗斑岩岩脈が貫入している。この花崗斑岩岩脈の連続性は驚くほどで、岩脈の層は厚いところで三〇〇メートル、薄いところでは一〜二メートルとなっている。

カルデラの縁を特徴づけるこの岩脈の追跡調査は実に楽しかった。調査の日を追うごとに、楕円形カルデラの輪郭が浮かび上がってくるからである。

笠ヶ岳コールドロンは二重の陥没構造を示すが、第二活動期の火山岩層は外側カルデラ内に分布し、大部分が流紋岩質溶岩からなる。

ただし現在の蒲田川沿いのカルカヤ付近では、樹木の化石を含む水平に堆積した凝灰質や頁岩が見出されており、湖が誕生して帯水域が広がった時期があったことを示している。

以降の第三活動期の火山岩層（火山灰などが熱で圧着し固結した溶結凝灰岩が主体）も、環状割れ目を有する内側の陥没カルデラ内に堆積しており、やはりカルデラ床上の東部には、湖によって造られた成層構造を示す地層が確認でき、短期間ではあるが湖による帯水域が生じていたようだ。

穂高方面から見ればわかる笠ヶ岳の東山腹の顕著な縞模様は、内側カルデラ内に堆積した第三活動期の火山岩層の構造が現われたものであり、内側カルデラ内部の断面がそっくり露出している。

最後となる第四活動期の火山岩層は、笠ヶ岳山頂部と抜戸岳の山頂に限定されて分布する。板状節理の発達する溶結凝灰岩からなり、比較的浸食に対する抵抗力が大きいために、結果として山頂部を構成することとなった。これが笠ヶ岳の名称の由来となって山体上部の笠状の地形を造っている。

笠ヶ岳カルデラは二重の陥没構造を示すが、蒲田川に沿う北東から南西方向の断層により東側が大きく隆起し、そのため激しい浸食作用を受けてカルデラの東側半分の陥没構造が失われた状態になっている。

この隆起運動は、約一四〇万年前に始まった隆起傾動運動によるところが大きい。

こうしてみると、山そのものの地質を形成したのはずいぶんと古いが、浸食による地形の変化は、笠ヶ岳の歴史のなかでは「つい最近」のことになる。しかし、浸食による地形の変貌はものすごく、短時間で進行していった。

基本的に山そのものは、彫刻の素材のようなものかもしれない。浸食作用は素材を削る彫刻刀にたとえられているだろう。日常の時間のスケールではないが、山は刻々と変化しているのである。

文＝原山　智

火山もないのに湧く神秘

登山の帰りにちょっとひと風呂浴びる。北アルプスは温泉が多い山脈だ。高天原など、深い山中にも温泉がこんこんと湧く。

しかし地質探偵ハラヤマにいわせると、その多くが地質学的に「常識破り」の存在だとか。なぜなら、近くに熱源となる火山が見当たらない。では、どうして豊富なお湯が湧き出るのか。ましてや、それらは冷泉ではなく、高温が特徴の温泉ばかりなのである。

温泉湧出の背後にある地下世界の秘密。そこから北アルプスの思いもしない意外な姿が浮かび上がってきた。北アルプスの名湯、秘湯は謎だらけ。

[STAGE 3]
- 1日目／上高地→蝶ヶ岳→蝶ヶ岳ヒュッテ(泊)
- 2日目／蝶ヶ岳ヒュッテ→常念岳→常念小屋(泊)
- 3日目／常念小屋→大天井岳→燕山荘(泊)
- 4日目／燕山荘→燕岳→中房温泉(泊)

中房温泉はミステリースポットだった

上高地から入山し、蝶ヶ岳から燕岳まで地質探偵ハラヤマと歩いた。このコースは急峻な岩稜帯も少なく、多くの人が楽しめる北アルプスではもっともポピュラーな縦走路のひとつだ。槍ヶ岳と結べば表銀座ルートになる。

稜線からは、なにより西側に併走する槍・穂高連峰の景観がすばらしい。歩きながら、そして休憩しながらも、視線を奪われてしまう。このすべてが巨大カルデラを埋めた堆積物でできているとは驚きだ。改めて、一七六万年前から始まる壮大な造山のドラマに思いを馳せた。

そして無事、縦走を終えたふたりは、今、中房温泉の露天風呂につかっている。ここで一泊し、のんびり骨休めして帰ろうという魂胆だ。

泉質は単純硫黄泉で肌にやさしい。効能も筋肉痛から胃腸病までと幅広い。登山で疲れた体には心地よく、まるで芯からほぐされていくようだ。さすが「日本百名湯」に数えられる癒しの温泉だけのことはある。採れたての山菜や川魚をふんだんに使った旅館自慢の料理も期待できるし、たまにはこんな山旅も捨てがたい。

縦走中には地質探偵からいろいろなレクチャーを受けた。この山域にも地質的に興味深い話が転がっていたのだ。

たとえば、蝶ヶ岳に顕著な二重山稜の地形について。かつては残雪周辺での凍結作用によって造られたといわれていたが、最近の地質学では、稜線に重力断層が生ずることでできたものとしている。そのメカニズムを探偵はこう語った。

「隆起の激しい山域では、尾根の岩盤表層部にひっぱり力が加わっている。そうした状態で尾根の両側が浸食されていくと、ひっぱり力を支えきれなくなった肩の部分に、

蝶ヶ岳に広がる二重稜線。地すべり(重力断層)による地形という説も近年は有力

尾根に平行な割れ目(重力断層)が生じ、尾根に直交する方向に開くことによって、尾根の中央部が落ちこむような動きが起こるのだ。それが二重山稜のできる仕組みだよ」

そうなんだ。また、これは槍・穂高編でもふれたことだが、まずはこの常念山脈から鹿島槍ヶ岳などを通って、大町以北に延びる南北方向の山の列が、槍・穂高連峰などに先行して隆起していたということ。地下に膨大な量のマグマが貫入してきて、そのマグマの浮力により、二七〇万年前から一五〇万年前にかけて、標高二〇〇〇メートルクラスの山脈を形成していったそうだ。

この第一次隆起の時期には薬師岳や水晶岳、黒部五郎岳、剱岳あたりの山も隆起作

二重山稜の形成のしかた

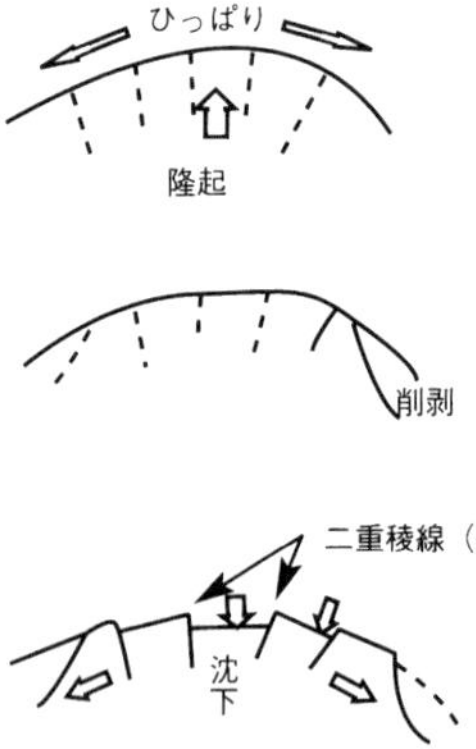

隆起と地表部でのひっぱりによる割れ目の形成

浸食による山腹の削剥と側方からの支えの減少

山体の外側へのずり落ちと稜線部での沈下による二重山稜の形成

用である程度は盛り上がっていたとのことで、当時の北アルプス地域の山脈列は、二列だったことになる。

そのころの景観は今とはまったく異なったもので、いうまでもなく槍や穂高の峰はない（巨大カルデラの穴は一七六万年前に誕生）わけで、その時代にさまよい込んだら、ここが北アルプスだといわれてもとても信じられないだろう。

そして、一四〇万年前から大隆起時代を迎え、槍ヶ岳や穂高岳とともに、以前からもち上げられていた常念ほかの山々も、現在のような三〇〇〇メートル近くに標高が達するに至った。

言葉にすると簡単だが、探偵は「裏」をとるために、北アルプスのみならず松本盆地や大町山麓の地質をこまめに調べ、そんな結論にたどり着いたのだそうだ。

また各山の岩質についても、探偵は歩きながら説明してくれた。

常念岳南方の二五一二メートルピーク付近から南の蝶ヶ岳、大滝山、さらに徳本峠にかけては上高地の土台石ともなっている頁岩やチャートの地層が占める。頁岩は槍・穂高編の最後に登場した、徳沢への登山道の脇に露出しているあの黒い岩である。チャートは深度三五〇〇メートル以上という深海に溜まった泥や放散虫の殻などが、海洋プレートの移動にともなって運ばれてきて、大陸プレートの下に潜りこむときに、まるでご飯粒のように大陸の縁に付着してできた岩だった。ちなみに、このように大陸の縁に付着した岩石群を「付加体」と呼んでいる。この地域の付加体は、一億五〇〇〇万年前とかなり古く、やがて日本列島の土台石のひとつになっていった。

常念岳南方の二五一二メートルピークあたりから北の山、大天井岳や燕岳は六四〇〇万年前にマグマが冷却してできた奥又白―有明花崗岩で造られていて、この岩体はさらに不帰キレットまで延びている。そのため蝶ヶ岳と常念岳では、造る岩が異なるので、山の色がガラリと変わるのだ。岩の色の差は、山の雰囲気のちがいにもなっている。

奥又白―有明花崗岩が北アルプスを構成する主要な岩石であることは、槍・穂高編で前述した。つまり常念岳から北は、この岩の奇岩と白い砂礫帯が続き、私たちはそんな奥又白―有明花崗岩の王国を歩いてきたことになる。

ところで……。それにしても中房温泉はいい湯である。いつしか私の頭のなかは湯上がりのビールのことでいっぱいになっていった。ところが、頭にタオルを載せた探偵が、湯のなかで奇妙なことをポツリとつぶやくではないか。

「本来なら、ここはお湯なんて湧く場所じゃないんだよね」

それって、どういうこと——?

「中房温泉の西側は燕岳、そして東側には有明山がそびえている。どちらも奥又白—有明花崗岩で造られている山だ。さらに南も北もこの岩体。というか、温泉のあるこの場所を含め、このへん一帯は花崗岩ばかりなんだよ。この花崗岩の生成は六四〇〇万年前という古さだから、とっくに熱を放出して冷えている。そんな岩体のなかから温泉が湧出するって、地質学の常識では考えられないよ。中房の近くには温泉の熱源

付加体のでき方を示す地下断面

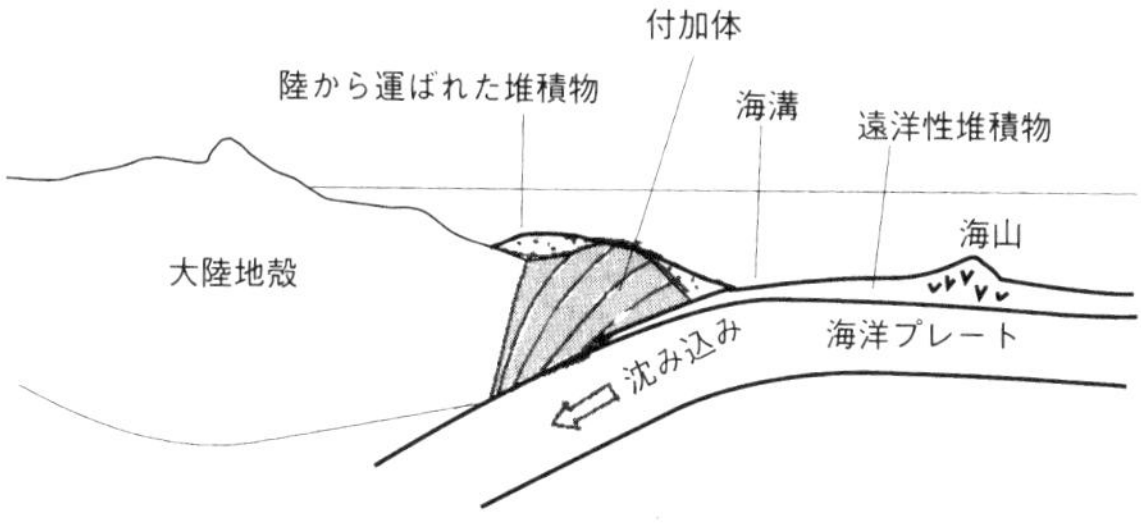

海洋プレートの沈み込みにより海溝付近の堆積物（陸源・遠洋性）は大陸側に押しつけられ付加体となる

となる火山も見当たらない」
そういわれれば、たしかに周辺にこれといって火山はない。じゃ、ここ中房温泉にお湯が湧くのってミステリーってこと⁉

名湯たちの熱源となる「犯人」とは⁉

そもそも温泉ってなんだろうか。私は単純に、地下に熱水の湖のようなものがあるのだろうと考えてみたが、それではやがて湖も冷えてしまう。やはり熱源は必要だ。探偵に聞くと、大地に染みこんだ雨水や地下水などが熱源に触れて加熱され、それが時間をかけて地表に湧き出したものなのだという。

中ノ湯や平湯温泉は焼岳火山群、白骨温泉や乗鞍高原温泉は活火山の乗鞍岳というように、すぐそばに立派な火山が控えていた。それに比べ、たしかに中房温泉は奇妙だ。なんらかの熱源＝湯沸し役がいないと、そもそも温泉にはならない。どういうことなのだろう。

「ここ中房温泉だけでなく、七倉ダムのそばにある葛温泉や、高瀬川上流の湯俣温泉も地質的には有明花崗岩など古い花崗岩のなかにある。いずれも近隣に火山は存在しない」

それらもミステリー温泉だったのか。もちろん丹念に歩きまわって調べた結果だから、そのとおりなんだろう。さらにビックリしたのは次の探偵の言葉だ。

「宇奈月温泉の源泉である黒薙温泉、さらに名剣温泉、鐘釣温泉といった黒部峡谷沿いにある温泉群、いわゆる黒部峡谷温泉郷も古い花崗岩体のなかにある。なかでも黒薙温泉なんかは温度が九十五度Cもあって、ほとんど沸騰状態にあるのだよ」

つまり、黒部の名湯、秘湯も謎だらけということになる。近場に火山はないし、峡谷の

北アルプスの80度を超える高温の温泉分布

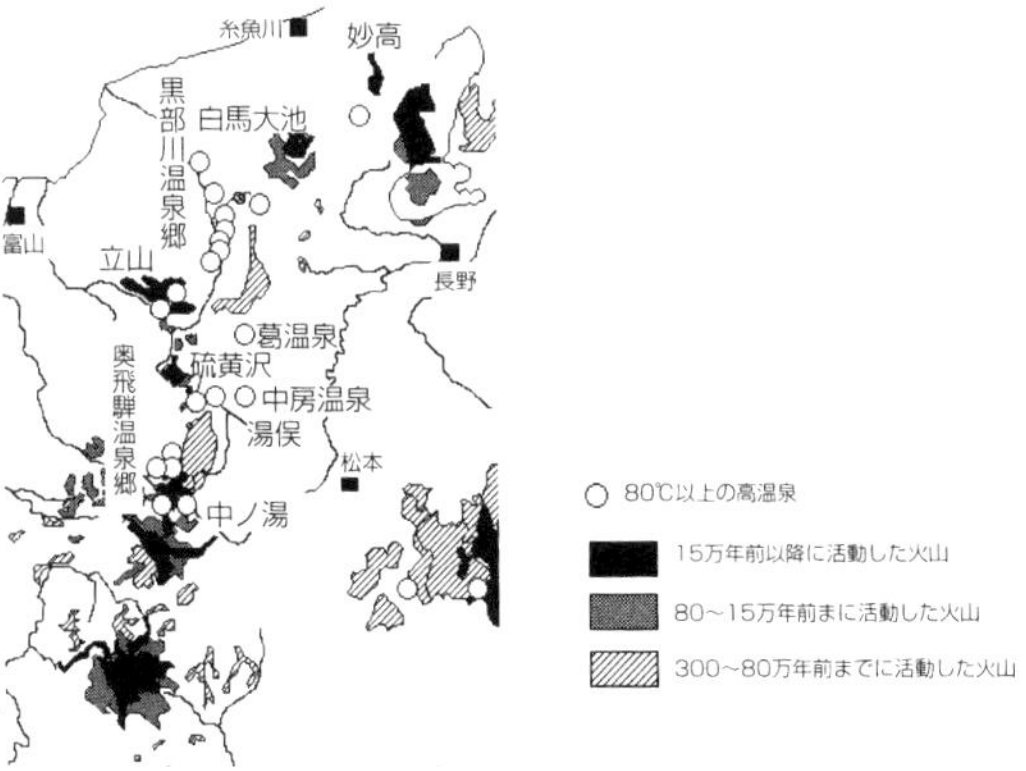

底のほうにある温泉ばかり。そういえば黒部には高熱水隧道と呼ばれる場所があって、トンネルを掘るときにはダイナマイトが自然発火するほどの高温のため、前例のない難工事になったという。今でもこの隧道の壁に触ると熱いのだそうだ。ちなみに隧道近くにある阿曾原温泉は、このトンネルを冷やすために導入した河川水が温められ、温泉になったものを利用しているらしい。

　地下水のように花崗岩の岩盤のなかをめぐる、巨大な温泉の流れでもあるのだろうか。しかし、あまりに荒唐無稽な考えだ。第一それでは途中で冷めてしまうよね。あくまで熱源が近くにあると考えるべきだろう。

　実は探偵ハラヤマも、この問題には頭を

地下５キロの低速度領域

低速度領域のかなりの部分がマグマだと推定されている。松原ほか(2000)の論文から引用

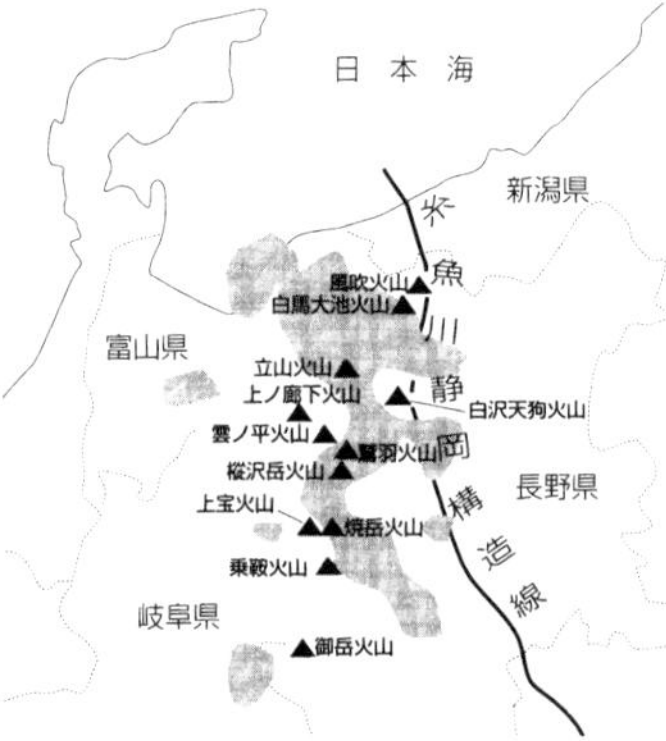

悩ませてきたという。そして、ようやくたどり着いた結論が以下のようなものだった。

「あまりに古い花崗岩だから、当然、残熱もない。となると、もう北アルプスの地下にあるマグマそのものが熱源とみるしかない。名前を挙げた温泉はすべて、マグマからの熱が直接伝わって、地下水を温めていた——。それ以外には考えられないんだ。極めて温度が高いのも、そのためと思えば納得もできる」

マグマそのものが熱源になっている。ということは……、地下のマグマが相当地表に近い場所にあるってことになるじゃないか。ここ中房温泉周辺の地下にもマグマがきていて、いつか噴火する可能性もあるってこと？

「マグマがあっても、必ず火山になるとはかぎらない。火山のメカニズムはそんなに単純ではない。マグマが噴出するときには明確な予兆があり、今のところどの温泉地域でもそれは認められないから心配する必要はないよ。マグマそのものはかなり安定していて、温泉を提供してくれる有益な役回り。恩恵に大いに感謝しよう」

ひと安心だが、もともと地中深くにあるマグマが地表の近くにあるって驚きだ。激しい浸食がそこまで削りこんだからなのだろうか。

「地表近くといっても、少なくとも深さ四〜五キロはある。その近くまで地下水が浸透しては温められて上昇してくる循環システムが、ここ中房温泉でも成立しているというわけさ」

しかし、ド肝を抜かれたのは探偵の次のコメントだった。

「マグマは温泉地帯のある場所だけではなく、地震波の調査によると、深い浅いはあっても北アルプスの広範囲な地下に広がっている。つまり北アルプスの山々は、マグマの上にポッカリと浮いている構造なんだよね」

マグマに浮いている!? それではまるで氷山みたいではないか。灼熱のマグマの海から顔をもたげている北アルプスの名峰たち。あまりにスケールの大きい話に、湯当たりではなく立ちくらみしそうだ。

氷山のイメージは、私のなかでやがて海に浮かぶ帆船へと変わっていった。帆を高々と揚げたいくつもの船=名峰たちがマグマの大海に何艘も漂う(地質探偵注あの〜ッ、山は漂ってはいないのだが……)。そのビジョンの美しさにうっとりした。北アルプスの自然ってなんてすごいんだろうか。とはいえ腹が減って死にそうだ。風呂から上がってビールを体に注ぎ込み、中房温泉自慢の料理に舌鼓を打とうか。廊下をドタドタと走り、食事が用意された部屋へ急ぐ二匹のオヤジだった。

恐竜時代の岩石で造られた天下の秀峰

天を突く岩峰と、深く穿たれたルンゼ。剱岳は地の骨を剝き出しにして超然とそびえる。その景観に豊富な残雪が彩りを添える。独特なアルペン的風貌ゆえ、クライマーから敬愛と憧憬を集めてきた。北アルプスの北の盟主と称えられ、槍・穂高連峰とその人気を二分する。日本を代表する名山のひとつといっていいだろう。

実はそんな剱岳にも地質のミステリーがあった。それは急峻さという、この山がもつ最大の魅力に関わることだ。剱岳を剱岳らしく演出した地質的事件とは——。

［STAGE 4］
- 1日目／扇沢→黒部ダム→大観峰→室堂→別山乗越→剱沢小屋(泊)
- 2日目／剱沢小屋→剱岳→別山乗越→別山→室堂→剱御前小屋(泊)
- 3日目／剱御前小屋→室堂→大観峰→黒部ダム→扇沢

剱岳はなぜ険しさを維持できるのか

剱岳はどこにカメラを向けても絵になる山だ。急峻な岩壁や岩稜が林立し、神々しさに跪《ひざまず》きたくなるほど。仙人池からの裏剱の眺めが白眉《はくび》だが、ここ別山からの剱岳も緊張みなぎる力感で捨てがたい。

山頂を挟んで西に早月尾根、東には源治郎尾根や八ツ峰が剱沢に駆け下り、それらの側壁に刻まれた岩壁が陽光に向かって誇り高く胸を張る。威風堂々たる夏の剱岳。いつまでも見飽きない自然の類まれなる造形だ。私は心のシャッターボタンを静かに押した。景観をいつまでも胸のうちにとど

剱御前から望む剱岳、右に派生する八ツ峰

めておきたい。

江戸時代の立山信仰では、剱岳は地獄の針の山に見立てられた。立山修験の曼荼羅図には禍々《まがまが》しく描かれるが、そんな恐ろしげなイメージも、ヨーロッパから到来した岩と雪の思想、近代アルピニズムがきれいさっぱりと洗い流した。

さて剱岳に関しては、ひとつの疑問を感じていた。立山、別山、真砂岳、大日岳など、周囲の山々は比較的穏やかな山容をしているのに、なぜ剱岳だけがさながら大地の牙のように荒々しくそびえ立つのか。その対比が気になっていたのだ。きっと何か理由があるにちがいない。

そんな考えをもつようになったのも、地

別山越しに見た剱岳。同じ粗粒花崗岩からできた剱岳八ツ峰と別山であるが、別山はマサ化によりなだらかな地形を示す。真砂岳から撮影

質探偵の影響である。北アルプスの地質の話を聞き、地質をめぐる山旅を続けるうちに、山に対する見方が少しずつ変わってきた。山の地形にはそれなりの意味がある。それを探偵から学んだのだ。

どうして剱岳だけが猛々しく、まわりの山と趣を異にするのか――。そのわけを知りたくなり、いつものバーで探偵にそれをぶつけると、ニヤリと笑って「剱岳もまた謎多き山だよ」と返してきた。これはすなわち「次の山行は剱岳でボクもOK」という探偵の同意でもあった。

剱岳の一般登山道は、早月尾根と別山尾根の二本しかない。私たちは長野県側の大町から黒部ダムを経て室堂に入り、別山尾根から剱岳を往復する二泊三日のコースを選んだ。そして二日目に無事登頂を果たし、別山乗越からちょいと寄り道して、ここ別山にやってきたというわけである。

寄り道したのは、ここ別山で探偵に自説を披露するためである。

それにしても別山尾根からのルートは悪場が多く、それなりに難儀させられた。ことに登り専用のカニのタテバイと下降専用のカニのヨコバイの部分、加えて上部の大岩周辺も意外に気が抜けないポイントだった。

そんな悪場を踏破しての登頂だけに、感激もひとしおだ。だが別山から見上げると、ほんの数時間前に、あの山頂に立っていたことが不思議な気さえしてくる。剱岳は天を衝いて、泰然とそこにあった。

一方、立山方向を見ると、浸食が進んで角のとれた緩やかな山稜が広がるばかりだ。別山の頂も、高原状の尾根の一番高い部分といった印象にすぎない。砂礫の上に石片が転がるだけで、風化が進行した様子がうかがえる。

確信は深まった。私はこの山行中に温めてきた自説を発表することにした。お披露目には打ってつけの場所である。

正式な名称はわからないが、剱岳を造っているのは暗緑色の硬い岩石だ。対して、足元の別山は岩屑交じりのザレた花崗岩である。剱岳は別山や真砂岳、立山とは別の岩石で構成されていて、そのため山の性格がちがってしまったのではないか。ないしは、もともとあった別山などの土台を突き破って、別の岩体である剱岳が隆起してきた。そう考えないと山容の差は説明できないと思う。

この仮説には自信があった。かつて読んだガイドブックに剱岳は片麻岩という岩石でできているという記述があり、それが大きな根拠にもなっていた。できている岩がちがうため、山の姿カタチも異なった……。どう、シロートにしては、私の説も結構いい線いっているんじゃないだろうか。

一億九〇〇〇万年という古い花崗岩

眩しそうに剱岳を眺めていた探偵が苦笑しつつ口を開いた。

「以前は剱岳の岩も片麻岩といわれ、そう書かれた書籍もあった。でも実際に調査すると、片麻岩ではなかったのだ。片麻岩と称されていたのは、山頂から剱御前にかけての稜線沿いに露出する閃緑岩のことを指すのだろうが、山体に載った帽子のようなもので、標高の高い、一部の稜線に存在するにすぎない。剱岳を代表する八ツ峰などの岩峰群も、片麻岩とは別の岩石だった」

そこで探偵は言葉を区切り、意表を衝くことを話し出した。

「別山や真砂岳、立山は花崗岩でまちがいない。それも粗粒の結晶でできているから風化に弱く、なだらかな山体を造る要因となっている。それに対して剱岳は、岩の殿堂といわれるくらいに全山硬い岩で覆われる。両者の岩石が別物と考えるのはもっともだが、調べてみると劔岳の一部をのぞき、どちらも同じ粗粒の花崗岩だった。一億九〇〇〇万年前の毛勝岳花崗岩という岩で、古期花崗岩とも呼ばれる」

そんなこと信じられるわけがない。だって、片やボロボロ、片やガッシリだぜ。

「しかし、結晶の顕微鏡チェックや成分分析、さらに年代測定でそういう結論が出ているのだからしかたない。むしろ、もともと同じ岩質なのに、どうして山容がここまで対照的になってしまったのか。ボクら地質学者にとっても奇妙な現象であり、解明にはある程度の時間がかかった」

粗粒の花崗岩については、穂高岳編などで探偵からレクチャーを受けた。雲母や石英、長石の各構成要素の結晶粒が大きいので、熱による膨張率のちがいにより内部から自壊しやすいとのことであった。いわゆるマサ化という現象で、時間がたつとボロボロと崩れていく。

そんな粗粒の花崗岩で占められているなら、劔岳だって別山や真砂岳のようにザラザラした、言葉は悪いが平凡な山でなくてはならないはず。それなのに、なぜだ。どうして砦のように天を衝いているのだろう。

非凡さを演出した剱岳の特殊事情

探偵がいったように、剱岳はやはり謎多き山だった。構成する岩からいって、本来ならマサ化して岩壁や岩稜も存在しないはず。にわか地質マニアの私には、想像すらできない難題だ。室堂での登頂の祝杯は私がもつということで、探偵に解説してもらおう。この謎を明快に解いてほしい。

「粗粒の花崗岩でも大岩壁になるって、たしか槍・穂高岳のところで説明したよね。どんな内容だったたっけ？」

なにかそんなことを聞いた覚えがあるな。あれはどこの話だっけ。岩質からいってマサ化するのが本来の姿なのに、それが立派に堂々とそびえ立っている――。思い出したぞ。穂高岳の屏風岩だ。同じ岩質の下又白谷はボロボロ状態なのに、槍・穂高岳を造ったマグマがカルデラと岩体の境界部に貫入し、熱水の循環システムを造って花崗岩を硬くした。あれが剱岳でも起きたのか。

「屏風岩の件はたしかにそのとおり。で、ボクは剱岳も同じだろうと考えて立証しようとしたんだ。ところが研究を進めた結果、その考えはちがっていて、剱岳には特殊な事情があることがわかった。山好きの内記慧くんという大学院生とともに数年にわたって悩んだ末の成果だ。ここでは閃緑岩が決定的な役割を果たしていた」

以下、探偵と内記くんによる剱岳創生のドラマの骨子である。

およそ一億九〇〇〇万年前に、毛勝岳花崗岩（古期花崗岩）を造ったマグマが上昇してきて巨大なマグマ溜まりを地下数キロのところに造った。このマグマは一〇〇万年という長い時間をかけて冷却し、二センチを超える大粒の赤紫色の長石も含む粗粒花崗岩として固まっていった。

剱周辺花崗岩分布

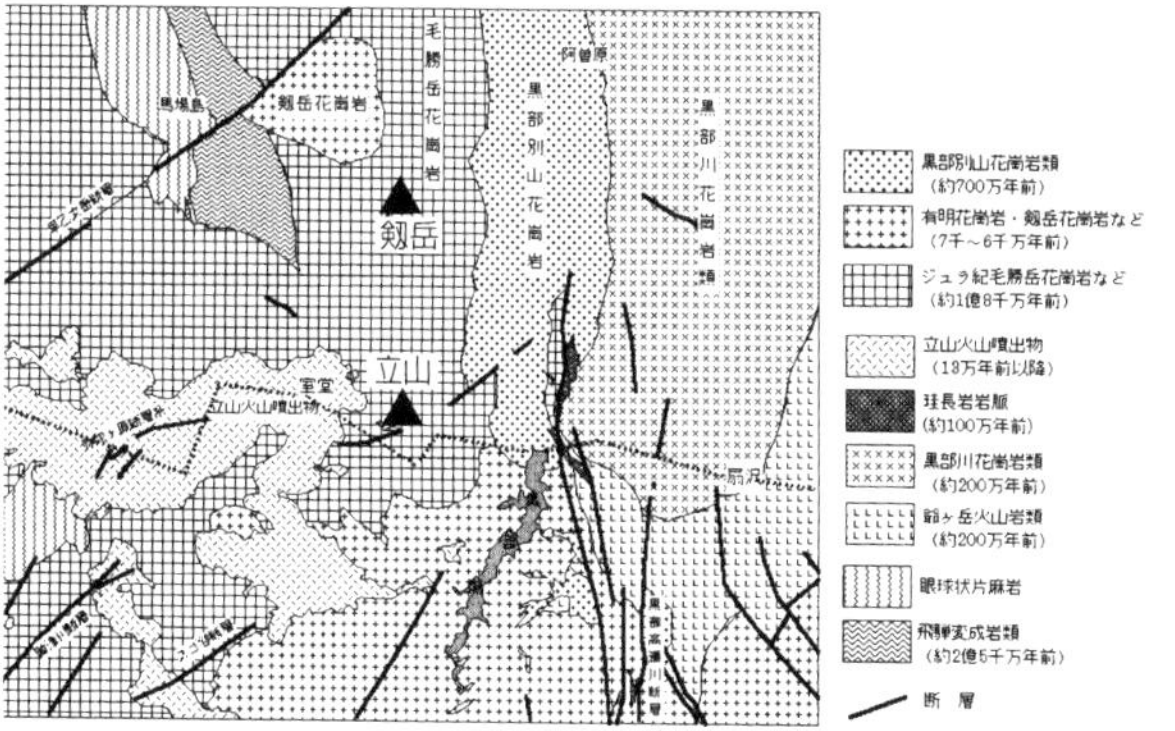

一〇〇万年間にも及ぶ、ゆっくりした冷却期のあいだに深部から浸入してきたのが閃緑岩マグマだった。まだ毛勝岳花崗岩がマグマ状態の熱い時期に浸入したために、閃緑岩マグマと花崗岩マグマの一部は混ざり合い、複雑に絡み合った部分が形成された。

この混ざり合ったマグマが閃緑岩となって、現在の剱岳の比較的標高の高い部分の岩体を形成している。閃緑岩は細粒緻密な組織を示し、鉱物のなかでもとりわけ膨張率の大きい石英という鉱物をほとんど含まないのが特徴だ。だから花崗岩の仲間であっても内部崩壊は起こしにくい。

さらに剱岳のような高山地帯では、年間平均気温が低いため、低地とちがって化学成分の溶出や移動を伴う風化作用（化学的風化作用）がほとんど進行しない。マサ化や化学的風化が起きないため、閃緑岩は長い年月の風化浸食作用に耐え、しだいに周囲よりも標高の高い峰々を形成するようになった。これが現在、別山尾根から剱山頂にかけて分布する閃緑岩帯だ。

——と、ここまでドラマとやらを聞いて、上部の閃緑岩地帯の浸食に対する抵抗力の強さはわかった。しかし閃緑岩以外の部分だって、岩壁や岩稜を造ってマサ化していない。その謎をどう解くのだろうか。

急峻だからそびえていられる

実はクライマーに人気のチンネや八ツ峰岩峰群は閃緑岩ではなかった。閃緑岩マグマが関与しなかった、粗粒の毛勝《けかち》岳花崗岩のままだという。いうまでもなく、耐マサ化能力が高いとはいえない。それなのにチンネも八ツ峰岩峰群も立派すぎるほどに屹立している。わからなくなってきた。

閃緑岩の岩体は、毛勝岳花崗岩の岩体頂点にクサビのようにはまった状態で存在していると探偵は説明した。そして、

「岩体頂上に位置する閃緑岩が、風化に耐えて周囲より抜きん出て高いため、そこから落ちてくる氷期にできた急斜面の氷河や、雪崩による浸食作用によって、閃緑岩帯の周囲にある毛勝岳花崗岩の脆弱化した岩盤が除去され、常に削られることで急峻な岩壁としてそそり立っているというわけだ」

つまり雪崩などが常にサンドペーパーをかけて磨いているようなもの。急峻な山

だから急峻な岩壁や岩稜でいられるという仕組みのようだ。とはいえ、削られるわけだから、さしものチンネもやがては消滅してしまう。

なお北アルプス北部の黒部川沿いには、いくつもの花崗岩の大岩壁がある。黒部別山の大タテガビンや丸山東壁、また日本を代表する岩壁、奥鐘山西壁も黒部川右岸にあった。さらに剱沢大滝も花崗岩で造られる。

ここ剱岳から黒部川にかけての一帯は、世界有数の豪雪地帯だ。だから激しい雪崩などの浸食作用が脆弱な部分をそぎ落とす。つまり、剱岳と同じ仕組みでこれらの岩壁も屹立していると探偵は続けた。

花崗岩＝マサ化では通じない複雑なシステムがあった。

ところで剱岳には「窓」といういくつかの大きなギャップがあるが、これらは花崗岩の岩体のうち、節理というクラックの部分や、破砕帯などの弱かった部分が氷食や浸食で削られてできたものだとか。ちょっとした岩体の強弱の綾が剱岳の彫りを深めた。そんなこんなで、こんな「ヨーロッパアルプス顔」になったのである。

ともあれ、一億九〇〇〇万年前に閃緑岩マグマの上昇がなければ、今の剱岳は存在せず、また別の場所にこれら高熱の閃緑岩が昇ってきたなら、その場所に急峻な山ができたということになる。ことによったら、別山や真砂岳が「剱岳」になっていたかもしれない。偶然といえば偶然だが、これは天の配剤というしかないだろう。目前に剱岳が悠然とそびえるだけに、なんとも奇妙な気分である。

しかしこの花崗岩の一億九〇〇〇万年前という年代には恐れ入る。恐竜の時代も、これから本番っていうところじゃないか。アジアも北アメリカも地続きだったパンゲア大陸があった時代だろう。日本列島なんて萌芽さえない。そんな古い年代の岩石が、立山から剱岳一帯にかけて広がっている不思議。

「この一億九〇〇〇万年前の毛勝岳花崗岩が、北アルプスでは一番古い花崗岩だ。長期間地中に眠っていた大きな岩体が、約二七〇万年前から第一次北アルプス隆起で地表に現われ、さらにおよそ一四〇万年前の本格隆起時代になって、現在の高さにまでもち上げられた」

北アルプスに激しい造山活動がなければ、恐竜の台頭期に生まれたこの岩体も、そのまま地下の深い場所で眠りを貪《むさぼ》っていたということか。

だが剱岳には、まだまだ未解明な部分があると地質探偵はいう。

「剱沢は明らかに氷河の通った跡だけど、これだけ豪雪地帯にあって、山頂部に顕著なカール地形が存在しないのが不思議なのだ。立山には、ちゃんとカールがある。剱岳はもともと地形が急峻なために懸垂氷河となって、雪が大量に溜まる場所もなくカールを造れなかったと説明する学説もあるが、この原因については、これからの課題としてフィールドワークを続けていきたいと考えている」

最後に、一番気になることを探偵にぶつけてみた。たしかに山のよさは高さではない。でも三〇〇〇メートルにあと一メートル欠ける標高は、誰もが残念に思うことではないか。かつて三〇〇三メートルと地図に明記されていた数字が変更になったとき、多くの山男たちが酒を飲んで涙したという。今後、三〇〇〇メートルになることはあるのか。

「ウーン、標高といっても、基本的に平均海水面からの測定値にすぎない。氷河期になれば水分が陸に雪や氷として固定されるから海面が下がり、剱岳の標高も高い数字になるだろう。逆に地球の温暖化が進めば、氷河や極地の氷も溶けて海面は上昇し、山の標高は全体的に低くなってしまう。あくまで高低比較のための単なる数字にすぎないと思うんだけどね。で、これは前にいったけど、現状では北アルプスを押し上げている力に大きな変化は見られない。その力が強力になれば三〇〇〇メートルなんて数千年で簡単に超えるし、逆に弱まれば標高はどんどん下がっていってしまうもの。標高にこだわるのは、その山をスペックで語ろうということかもしれない。それより、今ある美しさをそのままストレートに愛でれば十分じゃないのかな」

またしても探偵に諭されてしまった。それはそうとして、アフリカのキリマンジャロの頂上氷河が温暖化で消えてしまいそうだとか。ヨーロッパアルプスやヒマラヤの氷河も減少の傾向にある。山を愛する私たちは地球の温暖化にもっと敏感であるべきだろう。また温暖化すれば、山の標高も下がってしまう!!

そろそろ剱岳にもサヨナラを告げるときだ。逆光に浮かび上がるそのシルエットを心の奥にしまい込み、地質探偵と私は別山から室堂に急いだ。

巨大岩体に浮遊するクラゲを指名手配せよ

地質探偵ハラヤマが現在取り組んでいるテーマのひとつが、黒部川地域に広がる巨大岩体「黒部川花崗岩」についてである。この黒部川花崗岩というヤツは一風変わっていて、なにやら「クラゲを飼っている」らしい。

世界でもまれな珍現象のため、海外の地質学者も関心を寄せる。はたしてクラゲの正体とは——。最新地質学のフロントラインにふれていただこう。

[STAGE 5]
黒部ダム→扇沢→爺ヶ岳登山口

黒部川流域にひそむ、いわくつきの巨大岩体

ところで、前稿の剱岳山行はすんなり終了しなかった。地質探偵ハラヤマの提案により、扇沢のバスターミナルからちょっと寄り道をしたのであった。

その理由は、「クラゲにまつわるエトセトラ」——とか。で、最終的に連れていかれた場所は爺ヶ岳への登山道、柏原新道の途中にあったが、その地質の奇妙さを語るため、話は前稿の続き、黒部ダムから再開させていただく。

室堂に宿泊した探偵と私は、翌朝バスとロープウェイを乗り継いで、黒四ダムに帰ってきた。昨晩、嫁の監視（最近は娘も）がないのをこれ幸いに、痛飲する探偵につきあったおかげで、宿酔い気分が先ほどまで抜けなかった。

ここ黒部ダムは映画『黒部の太陽』の舞台でもある。ダムに寄るということで、登山前にビデオを借りて、チェックしておいた。

ダムの上につけられた歩道を進みながら、映画で描かれた建設シーンを思い起こした。黒四ダムの下流側、黒部丸山や大タテガビンの岩壁の下あたりには、下ノ廊

下へと続く日電歩道が見え隠れする。資材運搬のために、あの岩壁に穿たれた細い道を通った作業員たちがいた。かつてNHKの番組『プロジェクトX』でもとり上げていたが、実際事故で亡くなられた方も多い。ダムの脇に作られた慰霊碑の前で、探偵と私は手を合わせた。

再びダムの散策にもどり上流を見ると、ダム湖を吹きわたる風が心地よい。巨体な黒部湖の上流には赤牛岳が望め、上ノ廊下の調査の帰りに下った、あまりに長い読売新道を思い出す。

森林限界より上の岩屑地帯はそれなりに快適だった。ところが下半部の森林地帯に入ると、歩きにくいことおびただしい。歩く距離が長いのに加え、小さなアップダウンが繰り返し、読売新道の下りには閉口したものだ。

探偵がいうには、あの歩きにくさは下ノ廊下火山の溶岩のせいだとか。岩は安山岩だというが、安山岩は溶岩として粘りけが強いため、表層がブロック化して壊れやすい。そのためガラガラとした地形を造るのだそうだ。浅間山の鬼押し出しの地形も同様だ、とハラヤマはつけ加えた。

黒部ダムから出発した上ノ廊下の探索を思い出していると、探偵が何かいいたそうな顔をしている。またレクチャーが始まるのか？

「黒四ダム建設の成否は、関電トンネル開通が握っていたって知っているよね」

それは先刻承知。映画『黒部の太陽』のクライマックスだもの。関電トンネルを通すため、破砕帯突破の工事に半年を要した。

「その関電トンネルを構成する岩体が黒部川花崗岩だった。この花崗岩は黒部川流域ではもっとも若い。黒部川花崗岩について話をするよ」

黒部ダムを眼下にする展望台の一角で、本日の講義はスタートした。

この黒部川花崗岩は、もっかハラヤマの主要研究テーマのひとつになっていて、信州大学の同僚や大学院生らとともに調査をしているという。最新地質学の最前線というわけである。そんな黒部川花崗岩の物語を探偵は語り始めた。

「黒部川花崗岩は立山黒部アルペンルートの起点、大町の扇沢付近から欅平《けやきだいら》の東、祖母谷《ばばだに》温泉の北まで続く、南北に延びた巨大な岩体だ。東の縁はほぼ後立山連峰の稜線。西の縁は黒部川に沿っている。露出面積が一〇〇平方キロを超える巨大岩体を地質用語ではバソリスと呼び、この岩体は黒部川バソリスと命名された。黒部川バソリスは岩体東側で爺ヶ岳火山岩層に接し、熱変成作用を与えている。つまり、

「焼いた、焼かれた」の関係で、焼いたほうが後で固結したわけだから、岩としては成立が若い＝新しいということになる。爺ヶ岳火山岩よりは若い岩だった」

　専門的な領域の話ゆえ、少々難解に思えるが、私も地質探偵団の一員として、なんとか頑張ってついていこう。

「また岩体の西側でも、黒部別山花崗岩と接し、それに熱変成を加えている。黒部別山花崗岩よりも新しいということにもなるよね」

　どうやら黒部川花崗岩とやらは、黒部川流域では最新の花崗岩という触れ込みで売り出し中のようだ。いったいどんな生成年代なのだろう？　探偵は穂高岳で滝谷花崗閃緑岩という、世界で一番若い花崗岩を発見しているが、それよりも黒部川花崗岩のほうが若いってことはないのか……。

「[*15]黒部川花崗岩の生成年代は、実のところ悩みの種なのだ。ボクも含め、何人もの研究者が年代測定にチャレンジしているが、一九〇〇万年前から七〇〇万年前といった分散した年代値が出てきて、生成年代として正しい値が確定していない」

　というのも、この岩体中に『黒部の太陽』でも難工事ぶりが描かれた高熱隧道がある。高熱隧道は熱くて近づきがたく、それで工事が進まなかったのだが、黒部川花崗岩の岩体は巨大な分だけ、相当長期間にわたって高温状態が続いたと探偵はいう。放射壊変にもとづく年代測定では、元素が高温状態で外部に逃げてしまい、本来の生成年代よりも、相当に若くなる傾向がしばしば起きるのだそうだ。つまり放射壊変での測定は困難ということ。

となればからめ手からというわけで、この岩体に焼かれた東側の爺ヶ岳の火山岩を調べ、その成立年代から推察しようとしたそうだ。爺ヶ岳火山の噴出年代がわかれば、それに熱変成を加えた黒部川花崗岩の生成年代が見えてくるはず……。

＊15　黒部川花崗岩の生成年代

2013年に(財)電力中央研究所の伊藤博士たちは、黒部川花崗岩と周囲の花崗岩についてジルコンという鉱物のウラン—鉛年代を報告した。この方法は花崗岩マグマが固結を始める700度C前後の、マグマの貫入年代に近い値を与えることが知られており、最近技術的進歩もあって盛んに利用されている年代測定法である。黒部川花崗岩の測定結果は黒部川沿いで80万年前、鹿島槍ヶ岳南峰で220万年前、扇沢で130万年前を示した。我々の調査で黒部川右岸の黒部川花崗岩体内に時代を異にする花崗岩マグマの貫入がないことは判明しているので、この年代値のひらきは極めて奇妙な結果である。伊藤博士は年代の異なるマグマの複数貫入で黒部川花崗岩はできたと主張しているが、そうした複数貫入を立証する野外の証拠は得られていないようだ。論文中の岩体区分のデータは、残念ながら我々の発表した最新データ(原山ほか、2010年)ではなく古い論文に依存しており、伊藤博士が黒部川花崗岩とした区分には黒部別山花崗岩や閃緑岩類が混在している。

上記年代の開きをきちんと理解するためには、黒部川右岸にほぼ限定される黒部川花崗岩を東西に横断する形で試料採取を行ない、黒部川から後立山連峰稜線までの年代測定を系統的に実施するべきであろう。ウラン—鉛年代法は貫入年代に近い年代値を与えるとはいえ、カルデラ火山の直下の地温勾配は極めて高いので、黒部川花崗岩のマグマがいた３キロから10キロの地下では700度Cから1000度C近くに達している可能性がある。こうした条件下ではジルコンの示す年代値はマグマ貫入年代ではなく、山脈の傾動隆起運動の際に700度C前後に冷却した年代を示しているのかもしれない。

そんなこんなで、爺ヶ岳火山岩の測定に取り組んだが、この火山岩も二〇〇万年前と一二〇万年前という一致しないふたつの測定値を示して、爺ヶ岳火山岩からの推測もうまくいっていないのが現状だと、探偵は残念そうに語った。

「黒部川花崗岩の生成年代についていえるのは、爺ヶ岳の火山岩の年代である二〇〇万年前よりは若いということだけなんだよ」

　そのため黒部川花崗岩の生成は、現状では括弧つきで

黒部川花崗岩の分布

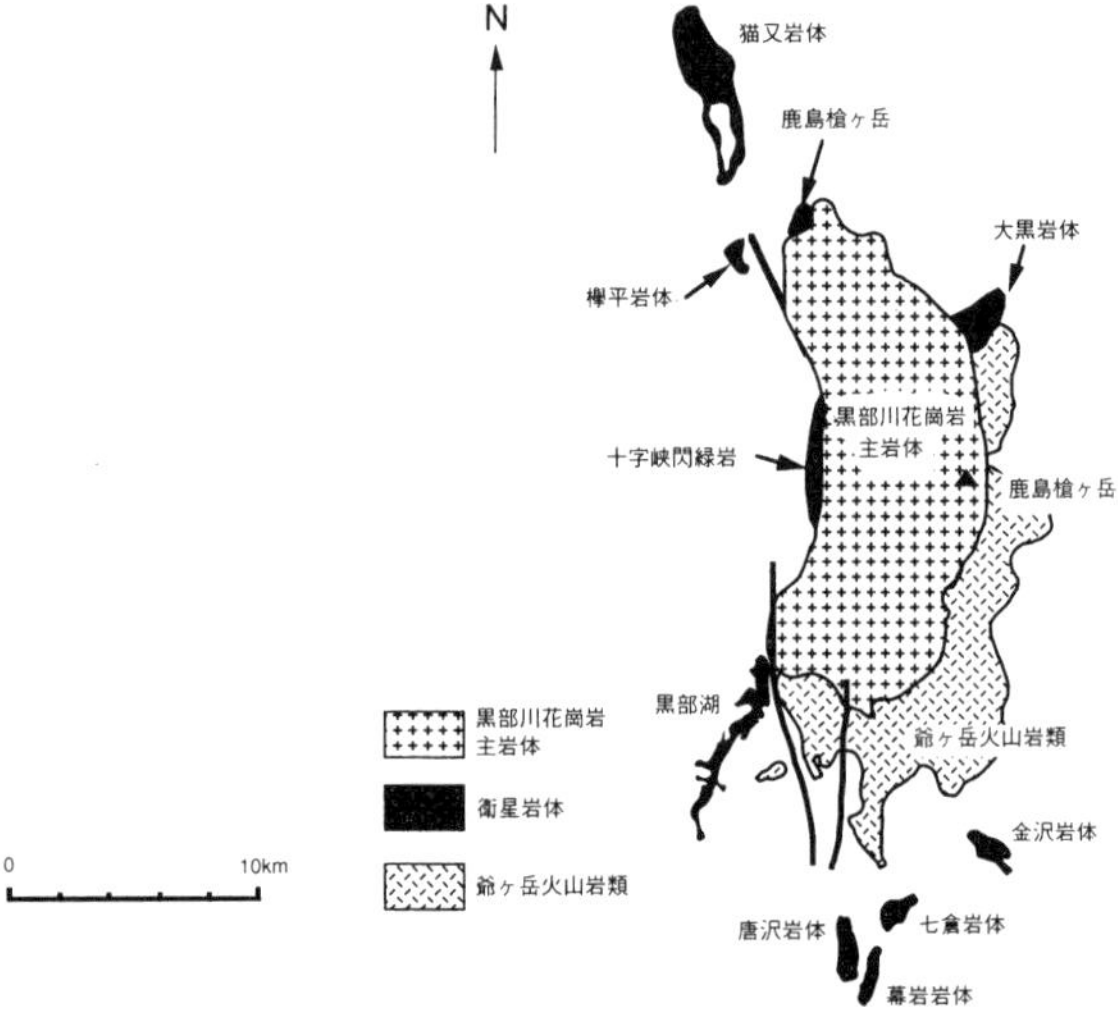

「二〇〇万年前以降」としているが、今後の調査で、年代はその数値よりずっと若くなる可能性も高いとか。ことによったら、探偵ハラヤマが発見した滝谷花崗閃緑岩に次ぐ、つまり世界第二位の座を獲得するかもしれないという。

「ところで学問的に興味深いのは、年代が若いってことだけではない。実は内部にクラゲがいっぱい棲みついているんだな。黒部川花崗岩の内部には」

あのな〜。クラゲって――。マグマから造られた花崗岩に水中生物であるクラゲがいるわけもないだろう。それとも本当にいたのか、化石となって。

「ジョーダン、ジョーダン。マグマ性の岩

岩体のほとんどの部分で多数の暗色包有岩を含むのが、黒部川花崗岩の特徴である

には化石なんてない。それに骨や骨格のない軟体動物であるクラゲの化石って、聞いたことがないぞ。クラゲみたいなもの。まさにクラゲというしかないような物質が、岩体にいっぱい浮かんでいる。それを暗色包有岩《あんしょくほうゆうがん》と呼ぶが、世界中探しても、黒部川花崗岩の暗色包有岩は特殊なんだ」

あんしょくほうゆうがん――？

「世界的に例がないってことで、地質学の世界でホットな話題になっている」

つまりは奇妙な岩だということだろう。たしかに私も気になるが、探偵は研究中のテーマを見せたくてたまらない顔つきである。時間はあるし、現在、探偵が何に取り組んでいるのか、それを見ておくのもいいだろう。

その場所が近いなら、つきあってもいいと私がいうと、探偵の目がうれしそうにキラキラと輝いた。この目つきはたしか、高校時代にやつが集めた岩石サンプルを見せてくれたときと同じだ。それぞれ几帳面な字で名称と採取地を記入したラベルが標本に添えられていた。考えてみたら、ガキのころの趣味がそのまま仕事になったわけで、本当にうらやましい男である。

「よし、扇沢に抜けたらまず現物を見てもらうことにするよ。そしてその前に、もうひとつの重要な物件の紹介。そいつもきっと驚くと思う。ところで地質学などのフィールドサイエンスでは、このように野外で観察したり議論したりすることを巡検と称し、とても大事にしている。二〇〇三年には、世界中の花崗岩研究者が日本に集まって国際会議をした、この黒部川花崗岩も、世界一若い滝谷花崗閃緑岩とともに、国際巡検のコースに選ばれたのだ」

世界に類がないってことで、国際的に注目されているんだ。そのなんとかホウユウ岩とやらも。

「ウン、ホウユウわけ」

出た!! チョー寒いオヤジギャグ。

爺ヶ岳もカルデラ火山だった

というわけで、トロリーバスで関電トンネルを抜けた私たちは、扇沢バスターミナルを後にして爺ヶ岳登山口にやってきたのである。

爺ヶ岳・鹿島槍方面に向かう登山道として、この柏原新道は人気が高い。最初は急登だが、それも小一時間で終わり、やがて種池小屋を目指す緩やかなトラバース道へとかわる。北アルプスでももっとも整備された登山道のひとつといっていい。

かつて有料道路だった県道も今は無料開放され、シーズン中の休日には、登山道入口付近の駐車場が満杯状態になるほどだ。そのため扇沢の対岸にも新たに駐車場が整備された。

扇沢に架かる橋を渡った私たちは、登山道に向かう分岐を左に折れ、右手の赤茶けた岩盤の前に陣取った。

「これが黒部川花崗岩の天井を覆う爺ヶ岳火山岩といわれる岩だ。この岩盤は流紋岩質の溶結凝灰岩からできているが、花崗岩の熱で焼かれて熱変成（ホルンフェルス化）した。さっき黒部ダムで説明したように、黒部川花崗岩があとから上昇してきて地下で溶結凝灰岩に接し、その高熱で長時間焼かれたというわけさ」

なお岩石名が特定できたのは、破片状の結晶片や岩石片を含んでいて、そのため火山灰が堆積してできた、溶結凝灰岩だとわかったと説明してくれた。

岩の欠片を手にしても、私はそんなものかと思うばかり。ただし溶結凝灰岩は穂高でさんざん目にしてきた問題の石である。火山灰がいったん溶け、それが再び固まったものだ。槍・穂高の山体のほとんどを造っていた。

　手渡されたルーペで観察すると、表面は赤茶けているものの、内部は黒っぽい色を見せる。だがそれ以上のことは皆目わからない。探偵によると、わずかにザラメ状の光沢を示す細かい結晶のベースのなかに、数ミリ径の白い結晶の破片が少量含まれている——とのこと。

　溶結凝灰岩が焼かれた石は、西穂高の独標斜面で見ていた。でも、これほど赤茶けてはい

黒部川花崗岩と爺ヶ岳火山岩類の境界

なかった。流紋岩質ということだから、その点でちがっているのだろう。

「実は熱変成を受けた岩石の鑑定は難しい。ザラメ状の光沢をもつ結晶は、火山灰基質の部分が高熱で再結晶した組織。またわずかに赤みを帯びた黒い色調の部分は、基質に再結晶した微細な黒雲母ができていることを示していたのだ」

そして岩石を鑑定するためには、熱による変成を受ける前の情報を復元し、正しく読み解く必要があると続けた。岩質を見誤れば立てる説もおかしな方向にいってしまう。研究者になるため、探偵もそれなりに厳しい道を歩いてきたのだろう。

探偵が次の現場にいきたいというので、ついていくことにした。ここから一〇〇メートルほど先に、「黒部川花崗岩とこの溶結凝灰岩との境界がある」とのこと。境界なんて、めったにお目にかかれることもないから、おもしろそうだ。

その場所は扇沢に沿った登山道を進み、尾根に向かって屈曲する地点から分かれ、一〇メートルほど入った地点にあった。ふたつの岩体の接触境界だというが、シロートの私には、どこが境界なのかさっぱりわからない。

もっとも探偵がいうには、露出する黒部川花崗岩は岩体最上部の急冷ゾーンに当たるため、花崗岩を構成する結晶粒が細粒化し、接触する溶結凝灰岩との差が判別しにくくなっているのだそうだ。

「でも花崗岩のほうには一〜二ミリ径の黒雲母結晶が含まれ、細粒化したとはいっても、肉眼でも長石や石英の結晶粒が確認できる。そこで岩質のちがいを確認すればいいよ」

そういって探偵が差し出した二種類の岩石片を見比べると、たしかにその点にちがいが見られた。よくまあこんな微妙な差を手がかりに、境界線を探し出したものだ。ひたすら感心するしかない。

「ボクら地質の専門家は、それぞれ別の場所にある典型的な岩石を観察したうえで、そこから追い込んで境界位置を絞り込んでいく。石が境界に向かってどのように性質変化するかを追跡しながら、綿密にチェックしていくのさ。で、ようやく境界を見つけたのが、この現場というわけだ」

接触境界は扇沢左岸に沿って北へ延び、種池山荘の東を通って、さらに冷池山荘、北俣本谷を経て、鹿島槍ヶ岳北峰の東へと抜けているという。この男のことだから、その境界線をすべて踏破したのだろう。大変な労力だ。

ところで、境界、境界といってきたが、つまりは高温のマグマが上昇してきて、まさにここで停止したってことだろう。その現場に私たちは立っている。

そこでピンときた。ここと同様な場所といえば、槍・穂高編で訪れたあの西穂高の独標下の斜面だ。あそこにもマグマから変化した花崗岩系の岩と、溶結凝灰岩との境界があった。マグマが浮力で上昇し、カルデラに底づけされた結果だった。そもそも溶結凝灰岩は、カルデラの内部で造られることが多いそうだ。となれば、ここはカルデラの底だったのではないか。つまり爺ヶ岳も、カルデラが関与して誕生した火山だったということになる。

「まさにそのとおりだ。カルデラがあったのさ。爺ヶ岳火山岩と呼んでいる火山岩は、ここにある溶結凝灰岩のほかに、流紋岩や安山岩の溶岩や凝灰岩などで構成される。それらが分厚く堆積していたカルデラが、かつてここに鎮座していた。ただし地質的事件によって、カルデラの姿は異様に変形した。なんと上方に広がっていないのだ。残存している部分から類推するに……」

地質的事件、カルデラが上方に広がっていない——。意味ありげな言葉が気になる。それをただすと、探偵は何も答えずに、スケジュール帳をのぞき込んだ。

「次回の地質ツアーはいつにする？　質問の答えは、後立山連峰の登山路でさせてもらうよ。八方尾根のリフトを使って唐松岳から入山し、鹿島槍、爺ヶ岳を経て、ここ扇沢へ下山するコースを考えている。今日のところは日本百名湯のひとつ、葛温泉にでも入って、のんびりしないか」

単なる温泉オヤジと化し、スタスタと歩き出す地質探偵ハラヤマをつかまえ、まだ終わってないだろうと私は引き止める。

例のホウユウ岩の現場検証が残っているじゃないか。黒部ダムで放った、薄ら寒いオヤジギャグを忘れたわけじゃないだろうな。

「すまん、すまん。すっかり気分は温泉になっていて、コロッと忘れてしまった。この扇沢の河原に転がっている石で説明するつもりでいたのだ。転がる石、ローリングストーンズってわけさ。ザ・ローリングストーンズ、相変わらず元気に活動しているね。本当は露出する岩盤で観察するのが地質学では原則だけど、次回の登山でいやというほど観察できるから転石でOKということにしておこう」

不気味なクラゲの正体に迫る

接触境界の場所から二〇メートルほどヤブを抜けると、扇沢の河原が広がっていた。この沢の下流部には多数の砂防堰堤が構築されているが、いずれも岩塊や砂礫で埋め尽くされ、山岳地域の浸食の激しさを物語る。

転がる岩塊をしばらく見てまわり、探偵はある岩を指していった。

「この岩塊が暗色包有岩の典型例だ」

指摘されたのは白っぽい花崗岩で、内部に一〇～一〇〇センチ大の黒い石が取りこまれていた。白黒の割合はほぼ一対一くらいか。白黒模様はホルスタインの乳牛の柄に似ているが、黒い模様はいずれも楕円に近い形状をしていた。

この黒い部分が暗色包有岩とやらで、名称前半の「暗色」は、周囲の花崗岩よりも色のついた黒雲母や角閃石など、有色鉱物が多いために命名されたという。で、後半部の「包有」というのは、文字どおり花崗岩中に包まれて存在するということからだそうだ。この包有岩がどうやってできたのかについては多くの研究者が調べ、何冊もの本が出版されているほどだという。しかし成因について決着がつかず、論争が繰り広げられてきたとか——。

「ある学者は、花崗岩がマグマとして発生したときの溶け残り物質だと主張した。またほかの研究者は、花崗岩がマグマとして上昇してきたときに、高温でまず結晶化する有色鉱物が、マグマ溜まり周囲の冷たい岩石で冷やされて固化し、それがマグマ溜まりの再移動をきっかけに、マグマ溜まり内に取りこまれてできたと論じた。ほかにも説があるが、キミはどう思う？」

急に振るんじゃないよ。地質学者のあいだで長年議論されている問題が、民間人の私にわかるわけもないだろう。そうか、といってハラヤマは沈黙した後、地質探偵たちのチームが考えている仮説を語り始めた。

ということで、探偵は演説モードに入り、とうとうと自説を述べ始めた。フランス学派がどうだとか、オーストラリア学派がどうだとか……。おまけに聞き慣れない専門用語も飛び出してくるので、要点だけをかいつまんで述べることにしよう。

地質探偵のチームは、まず暗色包有岩の形状と結晶組織に着目し検討に入った。包有岩のカタチはラグビーボールのように楕円体で、その楕円の殻に当たる縁の部分は、細粒かつ針状の鉱物が網の目のようになっていた。この縁の部分は角閃石・黒雲母が濃集している構造。そして針状の形状は、鉱物が急冷条件下で成長したことを示す。以上の観点から、暗色包有岩は玄武岩マグマ由来だと結論づけたのだ。

つまりは玄武岩マグマが黒部川花崗岩のマグマ溜まりに浸入し、固結・分散してでき上がったのが、この暗色包有岩だということ。従来からの暗色包有岩の生成論に新風を吹き込むものだった。

玄武岩の根拠ともなる、針状構造ができる仕組みはこうだ。玄武岩マグマに比べ、花崗岩マグマが三〇〇度C以上も低温で、温度が低い花崗岩マグマ中に玄武岩マグマ

黒部川花崗岩中の暗色包有岩。白い花崗岩部分よりも多くなることもしばしばある。祖父谷にて撮影

が浸入したことで、たとえていえば、花崗岩マグマの水風呂に急に飛び込んだ玄武岩マグマは、震え上がって、その表面に針状の殻を作った——ということらしい。

急冷によって生じた角閃石・黒雲母からなる針状の構造は、子どものころやったチャンバラの刀が組み合った格好をイメージさせた。そんなことから、「チャンバラ構造」と探偵たちは呼んでいると話した。

「玄武岩マグマが暗色包有岩の起源だというアイデアは以前からあった。しかし一番頭を悩ませたのは、なぜ暗色包有岩が花崗岩に包まれて、ここにあるかということだった。玄武岩マグマは固結した状態で比重が二・七くらい、片やマグマ状態の花崗岩は二・三である。どう考えても花崗岩マグマの中を浮遊するはずがない。むしろ重いから、花崗岩マグマの底に沈んでいたほうが自然なのだ」

事実、米国の研究者は、花崗岩マグマ溜まりの底の部分にかぎって、玄武岩起源の暗色包有岩が存在する事例を報告しており、玄武岩マグマは比重が大きいために、花崗岩のマグマのなかで上昇できないことを発表したという。

「ところが、黒部川花崗岩には岩体のとくに上部のほうに暗色包有岩が濃集しているという事実がある。それが世界でも珍しい事例として話題になっているのだ」

たしかに、ここ扇沢の河原の石を見るかぎり、黒部川花崗岩とおぼしき花崗岩の岩塊には、どれにも例外なく暗色包有岩が入っており、この流域には相当広範囲にわたって包有岩を含む岩盤が広がっていることをうかがわせる。「暗色包有岩入り」は一部地域の限定品ではないのだろう。

「分布範囲は広いなんてもんじゃないよ。黒部川花崗岩の露出面積一〇〇平方キロのうち、黒部川本流筋と餓鬼岳周辺をのぞく、約九割の地域の岩に暗色包有岩が含まれていた。花崗岩がマグマとして上昇してきた際の水平面、あるいは垂直方向を正確に知るのはすごく難しいが、調査によってマグマの状況を推測してみると、暗色包有岩の

チャンバラ組織を示す暗色包有岩の顕微鏡写真(左右幅2ミリ)。試料は扇沢産

分布は、当時のマグマ溜まりの底にはなく、むしろ中〜上部に濃集していることがわかったんだよ。なお、さっき見た溶結凝灰岩に接触している花崗岩は、暗色包有岩を抱えない例外部分に当たる」

つまり米国の研究者が示した玄武岩マグマ上昇不可能説を覆す新事実が、ここ黒部川花崗岩で見つかったというわけだ。その事実だけでも学問的にはすごい価値があるということだが、問題は暗色包有岩がなぜ中〜上部にあるのかっていうことの理由だ。比重が重いから底にあるのが自然なのに——。

「これには相当考え込まされた。しかし、あるとき御嶽火山の軽石を調べていた同僚の山口教授が大きなヒントを見つけたんだよ。御嶽の軽石には同じようなチャンバラ構造を示す暗色包有岩がたくさん含まれていて、その包有岩の内部に泡が含まれていることがわかった」

軽石は泡を内部に抱えているから軽くなって水に浮く。そんでもって包有岩にも泡か。そうかわかったぞ。包有岩も内部の泡のおかげで軽くなり、だから黒部川花崗岩のマグマ溜まりのなかを、上へ上へと浮いていったんだ。

「そうだよ、大正解。今見ている暗色包有岩では、泡の部分を後から長石や石英が成長して埋め尽くして泡自身は消えたけれど、泡を閉じこめていたチャンバラ構造は残っているというわけさ。いくつか仮定を設けて計算してみると、比重の大きい玄武岩マグマでも、結晶が成長するにつれて発泡現象が生じ、体積の五割以上の結晶が占めるようになった段階では、比重も二・三に。さらに結晶化が進むと、泡のせいで比重はもっと軽くなる。そう花崗岩マグマと同じか、やや軽い状態に達することがわかったんだ。黒部川花崗岩の上部に包有岩がたくさんある理由が、このバブル説で説明できるというわけさ」

チョッと待ってくれ。発泡現象というその話。カニじゃないんだから、なんで玄武岩が泡を吹くの？　軽石も含め、マグマからできた石になんで泡ができるのか、ちゃんと説明してほしい。でないとせっかくの「玄武岩マグマ発泡浮上説」もバブルとなって消し飛んでしまう可能性もあるだろう。

「そうだね、的確な指摘ありがとう。結論を急いで、大事なことを話し忘れていたようだ。マグマが発泡するカラクリをレクチャーしよう。マグマの大部分は珪酸《けいさん》、アルミナと鉄、マグネシウム、カルシウム、ナトリウムなどの酸化物からできている。しかし地下の高圧条件下では、水や炭酸ガスなどの成分が、マグマ内部に溶け込んでいるのさ」

　ふ〜ん、そうなんだ。マグマって意外に複雑だ。

「ところが、このマグマの温度がなんらかの原因で上昇したり、圧力が低下したりすると、水や炭酸ガスなどは溶け込めなくなって、マグマから分離発泡し始める。前者はやかんの湯が沸騰しているときに、ブクブクと蒸気の泡が出るのと同じだし、後者は栓を抜いたビール瓶から炭酸ガスの泡を吹き出すのと同じ仕組みだよ」

　で、こうしてマグマから分離したガス成分は、徐々に発泡したときには火山ガスの一部として静かに地表に供給されるが、マグマの内部で発泡現象が急速に進むと、体積が増えて急膨張するものだから、マグマ溜まり上部の岩石を破壊して、地表へとつながる通路を造り、一気に激しい噴火へと移行していくのだという。

「槍・穂高連峰のところで軽くふれたけど、これが火山灰を上空まで噴き上げたり、火砕流を引き起こしたりする激しい火山活動の原因となるのさ」

　再びチョット待ってくれ、だ。発泡するのは温度が上がるか、圧力が下がったときなのだろう。じゃなんで花崗岩マグマ中に入ってきた玄武岩が発泡するのだ。玄武岩より花崗岩のマグマのほうが温度も低くて、入ってきた玄武岩マグマは震えあがってサムイボじゃない、結晶を作るといったのは探偵、キミだよ。

「実によい質問である、ワトソン君」

ありがとうございます。ホームズ先生（どこかであったな、このシーン）。

「温度上昇か圧力低下が発泡の要因だといったのは、マグマのなかで結晶化が生じないという条件下での説明だった。花崗岩のマグマ溜まりに入ってきた玄武岩は、温度が低いために急速に冷やされて表面に殻をつくると同時に、内部では結晶作用が進行して、溶融マグマの量が減少していく。できた結晶は黒雲母や角閃石などの一部をのぞいて、基本的には水をとり込まない構造なのだ。結局、残された溶融マグマのなかには、水がどんどん濃集していくのだよ。やがて溶けこむ限界を超えると、やはり発泡するというわけ」

やはり、暗色包有岩の内部に泡ができるんだ。そうして浮力を得た玄武岩は本体から分離し、花崗岩のマグマの中をクラゲのように浮遊していった。

「実際には玄武岩の浸入から始まる急冷殻生成、結晶成長、発泡、分離の過程はほぼ同時に進行していくので、内部が柔らかい玄武岩は分離してから液滴やペンダント型を経て、ラグビーボール型に変形していくのだと考えている」

米国の研究者が玄武岩マグマは花崗岩マグマのなかを上昇できないという事例を報告したというが、地質探偵たちは黒部川花崗岩に含まれる暗色包有岩、つまり玄武岩マグマの特異性を見抜き、そのため花崗岩マグマの上のほうに、玄武岩マグマからなるクラゲたちが数多く集まっている理屈を解明した。

「いくつかの仮定を元に、発泡にともなう玄武岩の比重の変化を計算したが、もっとも重要な仮定として取り組んだのは、玄武岩マグマに溶けこんでいた水の量だった。この水の量の差が発泡するかどうか、つまり泡を作って浮くかどうかのちがいを生んだ要因と考えている。おそらく沈み込み海洋プレートの上に位置する日本のような島弧では、プレートによって地中にもちこまれる大量の水が玄武岩マグマの発生に関与していて、溶け込んでいる水の量も、外国に比べて多いとにらんでいる。もっともボクらの理論が、国際的に認められるかどうかは今後の議論のなりゆきしだい。世界の地質学者たちからは、厳しいチェックが入るだろうな」

地質探偵のマシンガントークにいささか疲れた私の脳裏には、赤く燃える熱きマグマのなかを、暗色の玄武岩のボールが、クラゲの群れのようにゆらゆらと浮遊する様が鮮やかに浮かんできた。

クラゲたちは意志をもつように、マグマの上方を目指す。地下深くの場所で密かに起きたできごとだった。そんな怪しくも美しい幻想に酔っていると、何か探偵の様子が落ち着かない。ソワソワしているのだ。

「ぼつぼつ日も傾いてきたから、葛温泉に向かおうよ。次回の後立山連峰の登山計画でも相談しながら、一杯、いや二杯、三杯やろうじゃないか」

ヤツの脳裏にあったのは、温泉&ビール三昧だったようだ。私もそれに異存はない。扇沢を後にして、葛温泉に急いだ。

九ステージもある北アルプス花崗岩生成史

ところで、この本ではいろんな種類の花崗岩系の岩が登場してきた。花崗岩は北アルプスの主役だからだが、しかし、ここまでいろんな時期に形成された花崗岩類がそろっている地域は、日本には他にないと地質探偵は話す。

ここでは未登場の花崗岩も含め、北アルプス花崗岩のラインナップをまとめてみた。同じく白っぽい石にしか見えない花崗岩も、生成時期によって、その性格は大

北アルプスにおける時代別の花崗岩分布

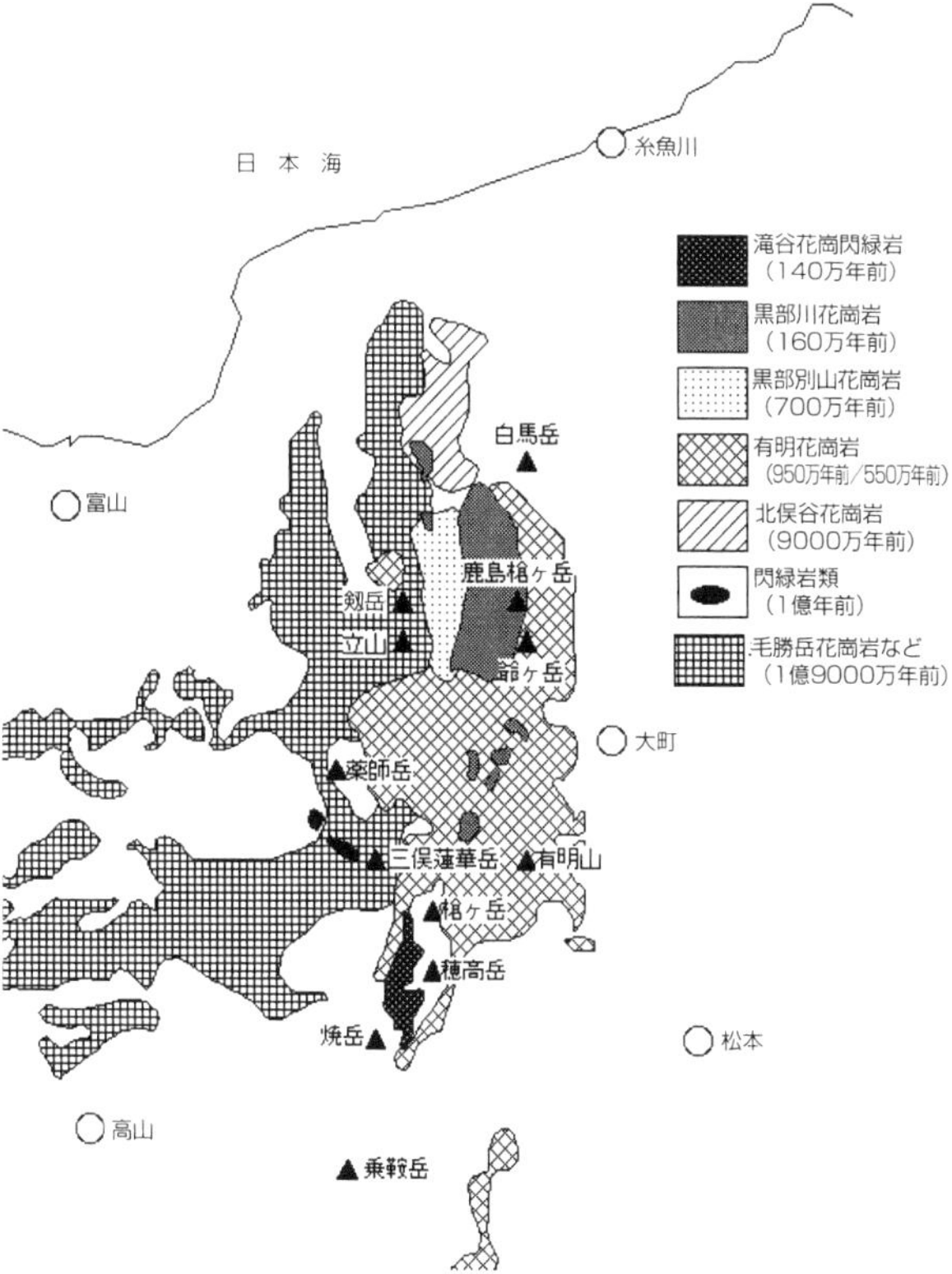

きくちがう。北アルプスで花崗岩の話題がブームになることを期待（笑）して、ワンポイント講座を開講しよう。花崗岩大好き人間にはたまらないはず……!?

まずダントツに古いのが、立山・剱岳地域の古期花崗岩（毛勝岳花崗岩）で一億九〇〇〇万年前の物件だ。

次の古株は、北ノ俣岳〜黒部五郎岳で手取層中に上昇（貫入）した、一億年前の閃緑岩類である。以下、古い順に並べていく。

三番目は九〇〇〇万年前の花崗岩類で、黒薙川流域を中心に分布する。

で、四番目は最大の面積を示す、白亜紀末ころ（七〇〇〇万年前〜六〇〇〇万年前）の奥又白―有明花崗岩に代表されるグループだ。このグループは、上高地東の霞沢岳から常念山脈、高瀬川流域、黒部ダム〜上ノ廊下一帯、鹿島川流域、唐松岳から天狗ノ頭までと極めて広い範囲に分布するほか、剱岳北西の白萩川流域にも離れて出現する。以前、この四番目のグループは新期花崗岩と呼ばれていたが、地質探偵ハラヤマのそれより新しい、というか世界で一番若い滝谷花崗閃緑岩の発見によって、「新期」という名称は使われなくなった。

五番目に古いのが九五〇〇万年前の黒部別山内蔵助型花崗岩で、続いて六番目が黒部別山志合谷型花崗岩の五五〇〇万年前。黒部別山花崗岩にはふたつの貫入時期があったことが最近の研究でわかってきて、内蔵助型と志合谷型に分けた。

そして七番目にくるのが、黒部川花崗岩体の周囲にある閃緑岩などの小岩体で三五〇〇万年前だ。八番目が暗色包有岩という「クラゲ物質」に富む、黒部川花崗岩ということになる。年代は未だ確定した状態にないが、おそらく一六〇〇万年前後だろう。

で、最も新しいのが、ハラヤマ発見の一四〇〇万年前の滝谷花崗閃緑岩となる。新しさでは世界ナンバーワンのチャンピオンホルダーだった。

この九時期の花崗岩系の岩が、北アルプスの屋台骨を構成している。ひと口に花崗岩系といっても、それぞれに物語があっておもしろい。元はみんなマグマだった花崗岩、どれもいとおしく感じる昨今だ。

火山によって誕生した後立山の麗峰たち

鹿島槍ヶ岳を盟主とする後立山連峰は、流麗なフォルムを南北に連ね、山麓を伴走する大糸線の車窓からも望むことができる。眺めてよし、登ってよしの名山ばかりだ。縦走派から本格的なアルピニストまで、幅広い登山者からの支持を集める。

そんな連峰がどうやって造られたか。実はくわしいことはわかっていなかった。そこで登場するのが、我らが地質探偵ハラヤマ教授である。後立山地域の調査にも取り組んでいて、造山ドラマのほぼ基本形を読み解いたと語る。

その研究成果からは、意外な姿が浮かび上がってきた。後立山の多くの山は火山だというのである。それも、大地が陥没して凹地を造るカルデラ型だった。

カルデラ火山は槍・穂高連峰、薬師岳、笠ヶ岳だけではなかったのである。とはいえ後立山の峰々は、カルデラ火山だったという証拠をほとんど残さない。そんな「完全犯罪型」の封印を地質探偵が解き放つ。

[STAGE 6]

- 1日目／白馬→八方池山荘→唐松岳頂上山荘→唐松岳→唐松岳頂上山荘(泊)
- 2日目／唐松岳頂上山荘→五竜岳→キレット小屋(泊)
- 3日目／キレット小屋→鹿島槍ヶ岳→爺ヶ岳→扇沢→大町

八方尾根の植生は地質が決めていた

扇沢での約束どおり、地質探偵ハラヤマと後立山連峰の縦走にやってきた。前回、剱岳の帰りに爺ヶ岳へのアプローチである柏原新道の登り口に案内され、そこで爺ヶ岳もカルデラ火山だったと探偵から聞かされた。

探偵と訪れたその場所は、溶結凝灰岩と黒部川花崗岩との境界で、カルデラの底の位置を示す。そして境界線は鹿島槍ヶ岳まで北上するという。ここから導き出される答えは、爺ヶ岳だけでなく、鹿島槍ヶ岳さえも一連のカルデラ火山だったという衝撃の事実である。

その後の隆起と、それにともなう浸食で、現在の後立山の山容からは、カルデラの痕跡さえうかがい知れない。だが地質探偵ハラヤマが解明したカルデラ火山成因は今では広く受け止められ、地質学の世界で定説となっているそうだ。

ちなみに、ハラヤマ学説が登場するまでは、後立山の形成は謎のベールに包まれていたという。長年放置されていた迷宮入りの事件を解いたようなものだ。丹念に足で調べてまわったら、かすかに残っていた「指紋や遺留品」が発見できた。

さて爺ヶ岳のカルデラについて復習しよう。溶結凝灰岩はカルデラ内に堆積した岩石だ。それと接触境界を造る黒部川花崗岩は、火山の要因となったマグマから変化したものである。マグマの時代に地中を上昇してカルデラの底に張り付いた（底づけ）ことで、溶結凝灰岩とのあいだに境界線が形成された。よって境界がカルデラの底を示す——ということになる。

今回の後立山縦走は、そんな彼のカルデラ火山説の検証が中心となる。

だが優雅な双耳峰として知られる鹿島槍ヶ岳の創生に、カルデラが大きく関与して

北アルプスの人気ルート八方尾根。八方池上部の登山道　写真＝中西俊明

いたとは。火砕流を噴出することで大地に巨大な凹地ができ、そこに火山灰や溶岩が溜まるというメカニズムで誕生するが、猛烈な火山活動は必至で、静寂をたたえた今の姿からは誰もが想像できないだろう。

鹿島槍を心の山とするファンは少なくないはずだ。私も気品あふれるこの山が好きである。さらに、もうひとつのあの名峰までもカルデラ火山……話はここまでにしておこう。

今回の山行は唐松岳から入山し、爺ヶ岳まで縦走するプランだ。

ノッケの唐松岳へは八方尾根に架かるゴンドラやリフトが使え、八方池山荘のある場所まで標高差一一〇〇メートルを文明の利器でパスできるとあって人気は高い。もちろん北アルプス稜線への最短ルートである。私たちも当然利用したが、こんなに楽をしていいのかと、正直思うくらいだ。

八方池山荘から今夜の宿、唐松岳頂上山荘までは三時間半の行程。のんびりと八方尾根を登り、第三ケルンのある八方池までやってきた。そのあいだは探偵ハラヤマの薄ら寒いオヤジギャグと、私の高尚なギャグの火花散る応酬だ。「八方池まではあと八歩行け」の私の高度なギャグを合図に池にたどり着いたのである。

それにしても、池に映る不帰ノ嶮はすさまじい。花崗岩の巨大岩体が直接顔をのぞかせている。なお不帰ノ嶮と唐松岳の成因に関しては、次の第三部でふれるので、そちらを参考にしていただきたい。池からは白馬三山の優美な姿も望め、一日いても退屈しない。北アルプスにある山上の楽園のひとつである。

　ところで八方池一帯は、日本でも有数の蛇紋岩《じゃもんがん》の分布域なのだと探偵はいう。蛇紋岩は地球深部のマントル[*16]を構成するかんらん岩を源としており、それに水が加わることにより誕生したそうだ。そんな石が日本のこんな高所にある理由を、

「付加体に紛れ込んだのさ」

唐松岳頂上山荘周辺ルート図

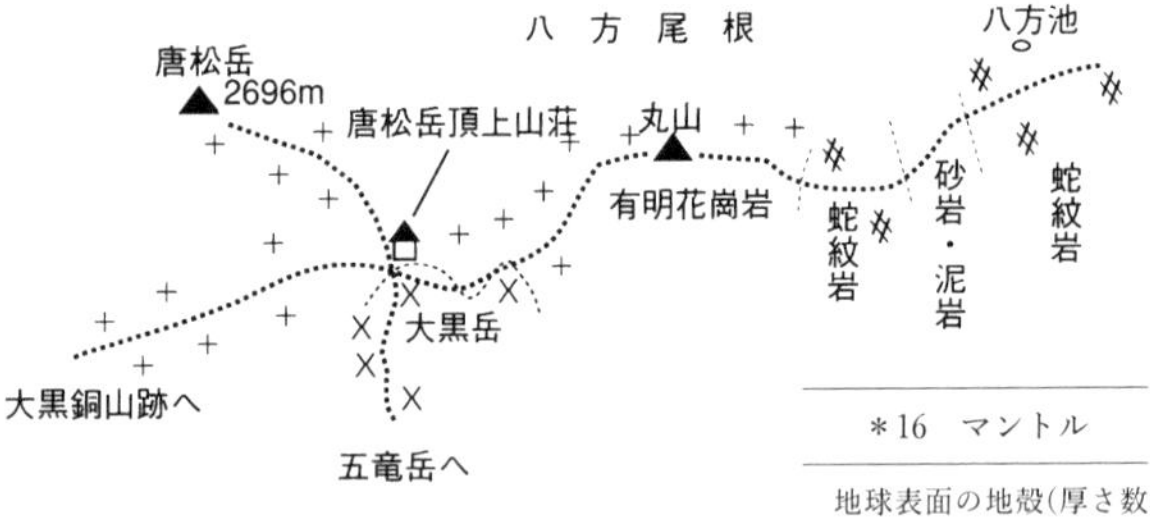

＊16　マントル

地球表面の地殻(厚さ数キロから60キロ)の下にあり、約2900キロの深度まで続く部分である。主としてかんらん岩と称される岩石で構成されている。

と探偵は簡単にいってのける。大陸プレートと海洋プレートの境界にある、深い海溝に溜まった「付加体」とともに、陸に上がったというわけだ。このへんのメカニズムは、第二部のSTAGE3で説明しているのでチェックよろしく。なお、蛇紋岩が地質として加わったのは二億三〇〇〇万年前のこと。日本列島がまだロシアの沿海州あたりにあったころの話だそうだ。

足元に転がる蛇紋岩といわれる石は、どれも青黒く光沢をもっている。蛇のような文様からそう呼ばれるが、雨が降ったりすると、これが滑りやすくて歩きにくい。そんな厄介者の蛇紋岩クンにも気の遠くなるようなドラマがあったというわけだ。

それにしても、この八方池周辺には灌木というものがない。このくらいの標高なら、樹林帯とまではいかないまでも、木くらいは生えていてもおかしくないだろう。そんな私の疑問に対し、地質探偵ハラヤマはこう解説してくれた。

「蛇紋岩というやつが造る土壌は貧しいから植生が発達しないんだ。それに互いにつるつると滑るので、このあたりは地滑り多発地帯となっている。おまけにマグネシウム・クロムやニッケルといった有害な金属に富むので、植物にとっては劣悪な環境ともいえる。だが、そういった厳しい環境が、この土に慣れた、氷河時代から生き延びてきた高山植物群を守り、標高が低いにもかかわらず、温暖化にともなう低地からの植物の浸入を防いでくれている側面もあるね」

なるほどね、蛇紋岩先生もお役立ちなんだ。探偵はこうつけ加える。

「地質と植生のみごとな対応が、この八方尾根の魅力をつくっているのさ」

私たちは重い腰を上げ、八方池を後にして八方尾根をたどっていく。

緩やかだった尾根がやがて痩せていき、周囲に灌木が繁る場所に来ると、探偵ハラヤマは足元の石を指し、「ほらね」といった。石は蛇紋岩ではなくなっていたのだ。急に植生が豊かになったのも、別の岩石地帯に変化したからだ。たしかに地質と植生はみごとに対応していた。

「ここらの岩石は砂岩や泥岩といい、恐竜が生息していた時代（約一億五〇〇〇万年前）に大陸の湖に堆積した地層がここに顔を出しているんだよ」

地質が変われば地形も変わる。以前、西穂高独標の下でレクチャーされたことを思い出した。八方尾根の形状が変化したのも地質のちがいによるものだった。

その地点からさらに進むと再び蛇紋岩が現われ、泥岩の地層も繰り返し登場した。で、たどり着いた二二三六一メートルピークの手前、左手に小さなカール地形が見えるあたりで、いよいよ北アルプスの主役、花崗岩のお出ましとなった。

花崗岩特有の白い砂礫が明るい印象を与え、穏やかな尾根が心地よく続く。唐松岳と五竜岳を結ぶ稜線の手前三〇〇メートルくらいからは、尾根筋から外れてのトラバース道となり、岩稜コースの始まりを告げる露岩地帯に変わった。その角を曲がり、主稜線が目と鼻の先にきた地点で、地質探偵ハラヤマは立ち止まって岩盤の一カ所を示した。

「黒部川花崗岩より先に貫入した岩体のひとつ、大黒岳花崗閃緑岩体が奥又白―有明花崗岩と接触している現場だよ」

黒部川花崗岩は新参者だが大きな組を取り仕切る。で、大黒岳岩体は、親分である黒部川花崗岩とは別の場所に出現した子分であり、そいつがマグマの時代に、以前からシマを張ってきた老舗の有明花崗岩体組に熱でチョッカイを仕掛けたってことか。私はヤクザの抗争になぞらえて理解した。

「妙なたとえだけど説得力があり、基本的にはそういうことになるね。だから、ここはまさに出入りの戦場だったわけさ。でもな、ヤクザとはね〜。こんなたとえ話に地質学者が簡単に乗っちゃっていいのかな（笑）」

ところで、その境界とやらはどこにある？　探偵に教えられるままに境界とおぼしき左右を見比べると、なんとなく判別できる。大黒岳岩体のほうが、有色鉱物が多いために斑状の組織がはっきりしている。とはいえ花崗岩系という同系統の岩だけに、指摘されなければわからなかっただろう。

この先しばらくは、縦走路も境界付近をたどっていくから、両者の差に目を慣らすようにとの指示が出た。しかし専門家とはいえ、よくもまあこんな微妙な差から境界を探し出せたものである。

唐松岳頂上山荘に到着した私たちは、唐松岳まで往復しようと荷物をデポし、そそくさと山頂に向かう。山荘から山頂までは二十分ほど。その途中に、一部砂状にマサ化した奥又白―有明花崗岩が現われていた。

山頂からは立山や劒岳、五竜岳の雄姿が一望できる。すばらしい眺望だ。なかでも近くの不帰ノ嶮の壮絶なプロフィールが魅了してやまない。

山荘にもどった私たちは、小屋の裏で再度、奥又白―有明花崗岩と大黒岳花崗閃緑岩の境界を確認した。なお、大黒岳花崗閃緑岩の年代値は四二〇万年前とされているが、そのサンプルはここで採取したものとのことである。

前述したように、黒部川花崗岩は生成年代が不詳だ。同じマグマをルーツとする、子分である大黒岳花崗閃緑岩の年代値は出たものの、黒部川花崗岩は岩体が巨大すぎるため、マグマからゆっくりと冷えて固まっていった。そのため大黒岳花崗閃緑岩よりはマグマだった時代が相当長く、大黒岳花崗閃緑岩の四二〇万年前という値は、古いほうの年代限界ということにしかならない。厄介な黒部川親分である。

唐松岳頂上山荘に行ったなら、裏手に露出する二種類の花崗岩系の境界チェックをお忘れなく。「焼いた、焼かれた」の激しいバトルが繰り広げられた跡なのだ。

五竜岳よ、オマエもかッ――!?

唐松岳頂上山荘に宿泊した私たちは、今日は秀峰の誉れ高き五竜岳をめざす。五竜岳には三時間半ほどで着くだろう。キレット小屋までが本日の行動予定である。

小屋の前から、餓鬼岳を経て祖母谷温泉に至る登山道分岐点を過ぎ、小さなピークを越えて岩稜となった尾根を下っていく。前方には牛首の急峻なピークが迫ってきた。黒部側の斜面にわずかに踏み跡がつけられているが、以前は荒天時のために山腹に巻き道が設置されていたはずだ。だが、崩壊により廃道になったらしい。くれぐれも誤ってそちらに踏みこまないようにしよう。

振り返ると、唐松岳の広大な南斜面に、先ほど分かれた祖母谷へ下りる登山道がまっすぐ横切っている。探偵の話では、尾根の西側、餓鬼谷の源流部には大黒谷銅山があって、明治年間にはかなり盛んに採掘され、現地で精錬もやっていたという。祖母谷への道をたどると、そうした鉱石や製錬した跡が残っているそうだ。実はその道も、鉱山から精錬した銅を運搬するためにつけたもので、八方尾根を経由して麓の大町へと向かう道がもとになっているとのことだ。

そうか、唐松岳からの尾根ルートでなく、露岩の斜面をまっすぐ開削しているのは、重い銅を運ぶためだった。今でこそ、海外からの安い輸入鉱石や製品に押されて多くが廃鉱になってしまった国内の金属鉱山だけど、当時はこれだけの資金や労力をかけても十分に見合う、価値のある資源だったというわけである。

小屋から続いていた大黒岳花崗閃緑岩は、大黒岳をすぎると消えて、かわって火山岩が登場した。探偵によると、流紋岩質の溶結凝灰岩だという。溶結凝灰岩ということは、ことによったらカルデラかい？　浸食されて跡形もなくなっているけど、カルデラがこのあたりにあったんじゃないのか？　どうなんだよ。

「この付近から五竜岳を越えてキレット小屋の手前までは、さまざまな岩質の火山岩が続く。爺ヶ岳の溶結凝灰岩などの火山岩類と同じように、黒部川花崗岩と接触して熱変成を受けているところから見て、おそらく爺ヶ岳と同時期の二〇〇万年前ころの火山活動で造られたものだろう。ただしこの地域の調査は進んでおらず、詳細はわかっていない。大雑把にいえば、稜線に沿って延びた幅二キロくらいの南北に細長い領域のみに火山岩が露出し、西側はあとからマグマとして上昇してきた黒部川花崗岩、東側は有明花崗岩など、より古い岩石が分

五竜岳は爺ヶ岳、蓮華岳と同じ時期のカルデラ火山岩からできており、山頂部は流紋岩溶岩からなる

布することがわかっている」

おいおい探偵、じらすんじゃないよ。はっきりいっちゃえよな。

「キミがいいたいことは、五竜岳もカルデラ火山だったということだろうが、ここらあたりにある火山岩類は、カルデラ火山の残存物である可能性がきわめて高い。ボク自身も五竜岳はカルデラだったと考えている。だが実証するには数年間の野外調査が必要となる。正式な発表はデータがまとまってからにさせてもらうよ」

証拠が固まっていないから、確かなことはいえない。科学者としては当然のことだろう。しかし「可能性がきわめて高い」というのこと。五竜岳＝カルデラ火山説は確度の

溶岩として流れたときにできた縞模様をもつ流紋岩

高い話のようだ。そして、たとえカルデラではなくても、火山であることは動かない。山体を構成する岩が噴出した火山性のものだからだ。

五竜岳は二〇〇万年ほど前に、活発に活動した火山によって生まれた。北アルプスで火山が担ったものの大きさを改めて実感したのである。

この先、要注意な岩稜がしばらく続くが、それは火山岩の硬い岩質のなせる業で、だからこそ周囲に比べて浸食作用に対して抵抗力があり、まわりは削られたのに対し、そこだけ相対的に高い稜線として残った結果なんだという。

白岳を過ぎて五竜山荘に着いた。目の前には荒々しい岩肌をさらす五竜岳がそびえていた。後立山連峰の中央にドッカと居座るその姿は、古武士を思わせる。この山も多くのファンをもつ。探偵ハラヤマは、北から見た山容がとりわけ好きだという。岩稜をいくつも派生させたその姿は、決してスマートとはいえず、やや無骨なイメージさえ与えるが、そこがまたよいというのだ。

五竜岳は流紋岩質溶岩という火山岩でできていて、特徴となる山頂部の菱形岩壁も流紋岩で造られている。この壁もかつてはクライミングの対象だった。流紋岩質溶岩は火山岩のなかでも一番硬いから、クラックさえ発達しなければ、岩壁や岩稜を造りやすいと、探偵は説明した。

しばし五竜山荘の周辺を散策する。東からは遠見尾根が登ってきて、目の前の白岳で合流している。小屋はその白岳の南側のコルに位置していた。足元を見ると暗緑色の石が散在するが、これは安山岩溶岩だとのこと。

「この手の溶岩は噴出量が少ないため、形成された地質も薄く連続性が悪い。だから稜線を歩いていても、クルクルと岩質が変わるのだ。また白岳のこちらの斜面に丸い礫が並んでいるのがわかるかな？　あれは溶岩と溶岩の地層ユニットのあいだに挟まれた河川性の礫層だ。火山活動の休止期にできたものだよ」

河川性の礫岩――って、かつて川が流れていたってことだろう。南岳で教えてもらったカルデラの構造だ。もとはここが低地にあり、河川が礫を流しこむような穴だった。つまり大地にぽっかりとあいたカルデラだった証拠じゃないのか？

そんな私の意見に対して、ニコニコと笑うばかりの地質探偵ハラヤマだった。まだまだネタを固めきっていないというところだろう。

小屋を出発した私たちは、五竜岳の斜面を登っていく。安山岩から、溶結凝灰岩、礫岩、凝灰岩と、ころころ岩質が変わった。これでは調査も楽じゃない。だが標高二五五〇メートルあたりからは、灰白色の流紋岩溶岩という火山岩が占めるようになった。その地点で五竜岳もいちだんと傾斜を増し、堅牢な岩が岩稜をなして頂上に続いている。その理由も、流紋岩溶岩の岩質のせいだという。ここでも地質の差が、地形の異なりとなって示されていた。

五竜岳頂上の手前で、地質探偵はクリノメーターと呼ぶ簡易測量の道具を使って、流紋岩溶岩とやらの測定をし始めた。

「流紋岩の名前は、流れたような紋様がついているのでそう命名された。地質学ではこれを流理構造という。流紋岩マグマは非常に粘りけが強いために、マグマ内のわずかな成分の差も均質化されず、溶岩の流れに沿って変形し、引き伸ばされて縞模様を作るのさ。こうした流理構造をクリノメーターで測っていくと、溶岩の流れた方向などが判明するんだよ」

五竜山荘から約一時間歩き五竜岳に登頂した。稜線からは東谷と餓鬼谷を分ける西尾根が派生していて、三角点は一〇〇メートルほど西尾根をたどったところにあった。黒部の谷を挟んで西には岩の殿堂、剱岳がひときわ大きく屹立していた。前回の山行が思い出された。遠くから望んでも個性的で絵になる山だ。

絵になるといえば、南にそびえる鹿島槍ヶ岳も同様である。優美で気品あふれるその山容は、名山がひしめく北アルプスのなかでも人気の高い山だ。いよいよ明日はあの双耳峰を越えていく。何かワクワクしてきたぞ。

五竜岳からキレット小屋へは基本的に下りだが、細かなアップダウンと岩峰の迂回、それにともなうハシゴや鎖場が連続して、慎重な歩きが要求される。五竜山頂から標高二六五〇メートルまでは流紋岩が続き、そこからは斑状組織の顕著な花崗閃緑岩が出現した。

地質探偵の話では、西側の黒部川支流の東谷一帯には黒部川花崗岩が広く分布し、

双耳峰をなす鹿島槍ヶ岳。左が南峰、右が北峰

この稜線の西側斜面にも標高二二〇〇メートル付近にまで露出しているとのことだ。おそらくこの斑状花崗閃緑岩も、黒部川花崗岩の子分で、そこから派生した岩脈状の小岩体なんじゃないだろうかと探偵は語った。さすが黒部川花崗岩は大物で、ここにも衛星岩体を造るなど、あちこちでご活躍のようである。

で、少し下った二六四五メートルピークから再び流紋岩にもどり、途中に奥又白―有明花崗岩の岩片が交じる角礫質の部分を挟むものの、流紋岩は赤抜のコルあたりまで続いていた。それにしても赤抜のコル周辺の岩はやけに赤錆色をしたものが多い。これが地名の由来だろうが、この色の原因について地質探偵ハラヤマにたずねると、含まれる硫化鉄（黄鉄鉱）[*17]が酸化してできた鉄酸化物が原因だと説明してくれた。

「地質の世界には『色の道は厳しい』という格言がある。表面の色にとらわれると、岩石生成の本質を見誤るので、まず新鮮な破断面で観察しないといけないんだ。表面の色は酸化などの鉱化作用や変質・風化、それに地衣類が

＊17　黄鉄鉱

硫黄と鉄の化合物。黄鉄鉱は黄金色した鉱物で、一見金に似ているため、初心者はだまされることがある。外国では「馬鹿者の金」ともいわれる。金の鉱石に肉眼で見えるサイズの金の粒子が入ることはまれだが、一方の黄鉄鉱は数センチを超える見事な結晶を多産する。ちなみに素焼きの陶器にこすると黒色を示し、黄金色の金とは容易に区別が可能だ。

付着するなどして千変万化なのさ。注意していても、ときどき表面の色調に惑わされてしまう。ボクらがハンマーを持ち歩くのは、サンプルを採取するだけでなく、観察のために岩石をかち割って内部の新鮮な破断面を露出させるためでもある」

そういって探偵の差し出した岩石片は、内部破断面が灰白色の流紋岩溶岩で、外見の赤錆色とは趣を異にしていた。たしかにお説ごもっともである。とはいえ色の道は厳しい――は、地質学だけにかぎらない。誰、そこでうなずいているのは？

赤抜のコルから登りになって、二五六〇メートルピーク（北尾根の頭）から再び黒部川花崗岩の子分である斑状花崗閃緑岩が露出し、流紋岩、斑状花崗閃緑岩と繰り返したあと、標高二四七〇メートルあたりからは流紋岩質の溶結凝灰岩がしばらく続く。

なお、八方尾根以来、次々に登場する岩の名称は、すべて探偵がレクチャーしてくれたものをそのまま書いている（漢字も教えてもらって……）にすぎない。弟子入りした今でも、石の種類についてはチンプンカンプンである。ブッチャケ、読者のほうが私よりくわしいかもしれない。色だけでなく地質の道もなかなか厳しい。

いやになるほど岩稜のアップダウンが続き、もうキレット小屋も近いだろうと思われる小さなコルで、地質探偵ハラヤマの足がぴたりと止まった。ここに重要な境界があるというのだ。ウロウロして探していると、「ほら、ここだよ」といって示してくれた。溶結凝灰岩と花崗岩の境だと探偵はいう。その花崗岩とは、あちこちに衛星岩体を造ってきた黒部川花崗岩だった。すわ、爺ヶ岳から続くカルデラの底か。

「ここが黒部川花崗岩という巨大岩体の東の縁に当たる。前回の扇沢で観察したよね。あれと同じだ。後から上昇してきて、溶結凝灰岩を焼いている。ただしここは扇沢の接触境界とは様相がちがっていて、接している一方の花崗岩の内部には、多数の暗色包有岩が含まれているんだ」

キレット小屋手前で、花崗岩の岩盤に浮かぶ暗色包有岩の模様。餓鬼谷にて撮影

暗色包有岩の出現。黒部川花崗岩の岩体の中~上部域に含まれるクラゲ、いや玄武岩の楕円ボールだった。あるある、たしかにある。マグマのなかをユラユラと浮上してきたやつである。

そういえば、扇沢では河原の石で暗色包有岩が観察できたが、接触境界の花崗岩には暗色包有岩のクラゲは入っていなかった。扇沢周辺では、溶結凝灰岩との接触部から数十メートルの範囲には含まれないという。岩体中~上部域にはあっても、その範囲には存在しないということのようだ。それはつまり、接続部分ではマグマも固くなり、クラゲも進入できないからだ。

コルからキレット小屋はすぐだった。よくぞこの場所に、といいたくなるような立地条件の厳しい鞍部に、総二階建ての立派な小屋が建っている。ここに小屋がなかったとしたら、この縦走はさぞかしつらい登山になるだろう。後立山連峰にあって、ひときわ価値のある存在といっていい。

小屋の裏手にまわると鹿島槍ヶ岳の北壁が圧巻だった。ただひたすら見惚れてしまう。私は夕暮れにすっかり壁が包まれるまで、黙って見つめ続けた。

幻のカルデラ火山の残滓を求めて

今回の後立山連峰の縦走は、そもそも爺ヶ岳がカルデラ火山だったというところからスタートしていた。扇沢で地質探偵がいった、「カルデラは上方に広がっていない」といったあの謎の言葉。それが今日、解明されるのだ。この謎に対し、何度も説明しろと探偵に迫った。ところが、「観察してほしい岩盤が爺ヶ岳の山頂付近のコルにあるから、そこまで待ってよ」と繰り返すばかり。そしてこう続けた。「従来、誰も気がつかなかった北アルプス隆起の真実。ボクの味わった興奮と感激を、ぜひキミにも追体験してほしいのさ」

キレット小屋の前に立つ私たちの目前には、鹿島槍ヶ岳の雄姿。この山も爺ヶ岳と同じカルデラ火山が産みの親とか。さあ鹿島槍を越え、爺ヶ岳を目指そう。今回の山旅のハイライトがそこに待っている。

そんな私たちの前に立ちふさがったのが、難路で有名な八峰《はちみね》キレットだった。小屋の前からいきなりのハシゴ段、そして鎖場と連続する。だが悪場は長くは続かない。八峰キレット核心部から垣間見た鹿島槍の北壁とカクネ里がド迫力だった。

しかし初めてここを通過したパーティは、どのようなルートで越えていったのだろう。登山道を開いた人もたいしたものである。先人たちに感謝しつつ、十分ほどで鹿島槍ヶ岳北峰に延びる稜線通しのコースへと抜けられた。

望む北峰ははるか遠くに感じられ、おまけに急登ときた。標高差は三八〇メートルあると探偵から聞いて、ウンザリさせられてしまった。相当な覚悟で登り始めるが、意外と快適に高度を稼いでいける。約一時間半で、双耳峰の一角、北峰への分岐に到着した。ここに荷物を置いていけば、北峰までは数分の距離である。

北峰頂上からは槍・穂高連峰はもちろん、北アルプス南部の山々が望めた。さらに、中央・南アルプス、富士山、八ヶ岳、浅間山、信越国境の戸隠、妙高と、誠にすばらしい展望が楽しめたのだ。さすが後立山連峰の盟主、鹿島槍ヶ岳である。

この美しい双耳峰を敬愛する登山者は多く、むろん「深田百名山」の一員だ。典型的なカールであるカクネ里の上に立ち上がる北壁や、さらに荒沢奥壁などはアルピニストからも憧憬を集めている。

さて、鹿島槍＝カルデラ火山について、ここで探偵にふれてもらおう。

「キレット小屋からここ鹿島槍北峰までは、ずっと黒部川花崗岩が連綿と延びていた。さらに岩体は南峰を越えて、冷池山荘の手前まで延々と続く。その延長線は扇沢まで達するというわけだ。そもそも鹿島槍の登山道自体が黒部川花崗岩の東の縁に沿って並走している。ここから信州側に派生する東尾根を下っていくと、水平距離にしてわずか五〇〇メートルでその東の縁が出現するよ」

そこでひと息つき、探偵は続けた。

「鹿島槍でもこの黒部川花崗岩と接していたのは昨日、五竜岳で観察したのと同じ流紋岩の溶岩だった。後から上昇してきた黒部川花崗岩の熱で焼かれていて、花崗岩に先立って活動した火山岩だったことを示している。爺ヶ岳火山の一員、つまり同じカルデラが鹿島槍ヶ岳も造ったと見てまちがいないだろう」

あまりの浸食の激しさで、カルデラはおろか、カルデラ内部を埋積した火山岩すらも山頂には現存しない。残っていたのは花崗岩だけで、そのため火山性の山だとは誰も考えず、単純に地下の花崗岩が造山活動で盛り上がったものだろうと考えられてきたのだ。だが、その花崗岩が問題だった。

コイツがまだマグマだった一七〇万年くらい前に、カルデラという巨大な穴を穿ち、大量の噴出物を撒き散らしたのだから。そして火山活動が終焉した後、冷却によって黒部川花崗岩となり、大隆起時代になって天高くもち上げられた。地質探偵たちの活躍で、鹿島槍ヶ岳の出生の秘密も明らかになりつつある。

でも、秀麗で鳴る鹿島槍がカルデラ火山の残滓だったとは‼　カルデラがあった一七〇万年前とはまったくフォルムが変わってしまっている。自然の妙であり、壮大な造山ドラマの結果だった。カルデラ内の火山性の岩が残る槍・穂高連峰よりも、その変貌ぶりはすさまじい。その理由を地質探偵ハラヤマは、爺ヶ岳にある問題の岩盤の場所で語ることになるのだが……。

分岐にもどり、荷物をピックアップした私たちは南峰に向けて出発した。すぐそこに見える鹿島槍ヶ岳南峰だが、頂上直下は岩稜登りのルートとなり、意外と時間を食ってしまった。分岐よりおよそ二十分、ようやく鹿島槍ヶ岳南峰に着いた。岩屑の広がる山頂はなだらかで、遠望したときとは異なり穏やかな印象を受けた。

南峰からは、剱岳から南に延びる山並み、立山、薬師岳、黒部五郎岳が一望でき、みごとな景観に心も洗われる。鹿島槍ヶ岳には扇沢の柏原新道から登頂し、再び帰路にそれをとるパーティが多いらしい。山頂は常時登山者でにぎわっていて、さすが人気の山だけのことはある。

山頂の岩石は、地質探偵がいっていたように、やや斑状の黒雲母花崗岩からなる黒部川花崗岩だった。マグマ内のクラゲ、いや暗色包有岩を多数含んでいた。

しかしここ鹿島槍にも、かつてはカルデラが頭上高くそびえていたのだ。山頂を去るとき、再びそれを思った。火山の大元であるマグマから変わった花崗岩が、ただ顔をさらすのみ。想像を絶する造山の物語である。

幅の広い尾根を冷池山荘方面に向かって下っていく。今までの岩稜ルートとはちがってお花畑もあり、癒やされていくような気分に満たされた。岩稜の心地よい緊張感

3つのピークをもつ爺ヶ岳。カルデラ火山によって造られた　写真＝中西俊明

も登山の醍醐味だが、そこから解放されてこうした気分に浸るのも悪くない。山頂から一時間半ほど下るとテント場があり、足場の悪い崩壊地脇の登山道をすぎると、目指す冷池山荘ももう近い。

前代未聞のカルデラの姿!!

冷池山荘で昼食を終えた私たちは、森林地帯を爺ヶ岳とのコルまで下り、再び斜面を上がっていく。左手に赤岩尾根経由の登山道を分け、ハイマツ帯を抜けると稜線の西側に沿う、緩やかな気持ちのよい登りとなった。

冷池の小屋からこっちは、爺ヶ岳火山岩の一員である、溶結凝灰岩や安山岩などの岩屑や岩盤が露出しているが、地質探偵ハラヤマは簡単に説明を加えるだけで通り過ぎていく。山頂付近にある重要な岩盤。私も早くそれが見たい。

爺ヶ岳には三つのピークがある。一番北に北峰、これは安山岩溶岩からできているとのことだ。暗緑色で、長石の結晶が含まれる比較的緻密な石だ。

真ん中の峰が三角点のある二六六九・八メートルピークで、縦走路が西側斜面をスルーしているために、これが本峰だと気づかずに通過する登山者も多い。そして登山者でにぎわうのが南峰である。

地質探偵が立ち止まったのは、本峰と南峰の中間にあるコル。夏にはコマクサが生育するという、岩屑斜面が北側に広がっているあたりだ。

「とうとうやってきたよ。これがキミに見せたかった岩盤だよ。ここに現われている事実をどう解釈するか。まずはじっくりチェックしてくれ」

これが「カルデラは上方に広がっていない」といった謎を解くカギなのか。さらに〝誰も気づかなかった北アルプス隆起の真実〟が隠されている。そんなものが登山道のそばに眠っていたとは。まずはじっくり観察することにしよう。

その岩盤の特徴は、誰の目にも明瞭な縦の縞が発達している点だ。縞状構造が発達するのは登山道に沿って五〇メートルくらいか。ちょっと待てよ。縞を作っているなかには、明らかに丸い礫を含んだ部分があるぞ。

なるほど、わかった!! 槍・穂高地質ツアーで大キレットを越えてたどり着いた、南岳獅子鼻の斜面にあった地層と同じだ。南岳の礫岩層は、河川によってカルデラの穴に砂利などが流れこんで造られたものだった。目の前の岩盤も、川によってできた堆積岩にちがいない。ということは、爺ヶ岳の火山岩を厚く堆積したカルデラの内部に、河川が流入した時期があるということだ。

「そう、爺ヶ岳の火山活動の休止期に溜まった砂や礫が、ここにのぞいているんだ。ボクは河川だけではなく、カルデラ内に湖があったと考えている。細かい粒子がきれいな縞模様をつくっている部分もあるから、それらは湖のような環境で堆積した可能性が高い。よって湖が存在した」

だが待てよ、ここの縞模様はほとんど垂直方向に延びているぞ。南岳ではほぼ水平だった。水流で集められて堆積したのだから、水平方向に地層が広がらないとおかしい。これは奇妙だ。考えられない事態。こんなことってあるのだろうか。

「南岳の岩層だって、傾動現象を受けて東に二十度傾いていたじゃないか」

地質探偵がヒントを出すようにいった。それって、もしかして——。シロートだから、恥を承知でいっちゃおう。

本来水平に溜まった堆積岩が、その後、傾動の運動をくらって九十度も大回転した。だから、垂直方向に礫岩の地層が延びている——。

「つまりはそういうことだよ。キミの推理どおりだ」

しかし槍・穂高では約二十度の傾動だった。それが槍の穂先を東に傾かせていた。ところが、爺ヶ岳のカルデラでは、ほとんど横倒しじゃないか。北アルプスの北部に働いた傾動運動ってあまりにすごすぎる。

「正確にいうと、傾きは東に約八十度。信じられないような傾斜だね」

カルデラは、いわば大地に開いた巨大な鍋である。内部には分厚く堆積した火山岩を大量に具として詰め込んでいた。ところがそんな大鍋が八十度も傾いた。目前にある礫岩層ももちろん一緒に動いたわけで、垂直方向への地層がその証拠である。ギシギシときしみながら倒れこんでいくカルデラ火山。探偵は感動したそうだが、私には

右側の白黒の縞がカルデラ湖に降り積もった火山灰層。左側はカルデラ湖に流入した砂や礫が固まったもの

傾動なるものが空恐ろしいものに思えた。

扇沢で上方にカルデラが延びていないと語った探偵の意味が、やっとわかった。さらに、探偵はつけ加える。

「傾動で傾いたのはカルデラだけではなかったのさ。かつてマグマだったものがカルデラの底部に底づけされ、それが黒部川花崗岩になったけれど、その巨大岩体である黒部川花崗岩すらも、大きく傾かされている」

絶句である。プレート間の綾なす力は、カルデラや黒部川花崗岩さえも、プラモデルのように動かしてしまった。

なお、東に八十度傾斜したと説明してくれたが、その答えを見つけるまではひと筋

縞模様をなす火山灰層。隆起運動により東に80度も傾いてしまった

縄ではなかったそうだ。たとえば、ここの地層の傾斜を測ると八十度東に傾いているが、この先の南峰にある溶結凝灰岩層は、逆に西側に八十二度の傾斜を示していた。東か西、いったいどっちに倒れたのか。その判断が難しかったという。

こんなふうに、ほとんど垂直に近い地層が露出している場合には、傾斜方向が変わるのはよくあることで、その判定はやはり地層を調べることから得られたという。探偵は地層の砂岩のような部分を指してこう話し出した。

「この砂の地層をよく見ると、粒の粗さが変化しているのがわかるだろう。白っぽくて粒径の大きい砂から、黒色のやや泥質の

爺ヶ岳カルデラ地下断面

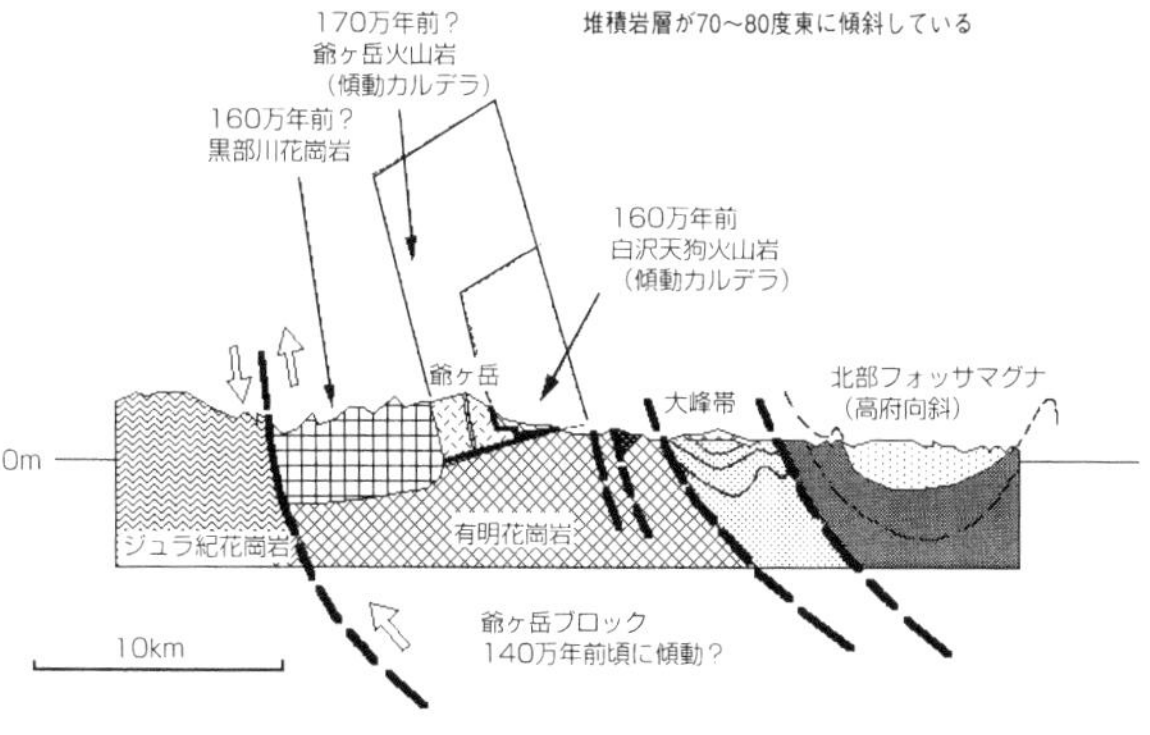

細粒部へと変わっている。地質の世界では、こうした変化を級化構造という。ビーカーで砂や泥をかき混ぜて、しばらく放置する実験を小学校のときにやったよね」

たしかにやったような記憶もある。

「あの実験と同じさ。静かにしておくと、ビーカーのなかで粗い礫は下部に集まり、細かい泥は上部にいくだろう。そんな級化構造ができる。で、ここの地層では西から東に向かって砂粒が細かくなっている。つまり東が上部にあったということになる。そのほか削りこみ現象といって、流れてきたものが貯まって地層を造るとき、下にあった地層を削ってしまうことも起きる。そんな例もここには残っている」

カルデラ内の湖に堆積した地層構造の近接写真。向かって左側（東側）が堆積したときの上方

で、ほらね、と示された先には、東側の地層が西の地層の構造を切って堆積している様子が観察できた。

さて、カルデラの浸食の話である。そもそもカルデラが大きく傾いた分、浸食されやすくなったと地質探偵ハラヤマはいう。そのため槍・穂高のように、外見からカルデラと判断できるか材料が少なかったのだ。

現在、爺ヶ岳周辺の地質を調査すると、東側の白沢天狗山にもカルデラの残骸があって、それも東に大きく倒れていると探偵はつけ加えた。さらにこうもいう。

「北アルプスの隆起プロセスのなかで、この八十度という大傾動運動がどう位置づけられるか。大きなテーマといえるだろう」

また傾動そのものも重要な問題で、少なくとも傾動で動いた範囲は、フォッサマグナと呼ばれる糸魚川静岡構造線にまで及んでいるという。つまり東は仁科三湖の付近まで達し、また南の端は槍・穂高連峰の傾動運動と同時期の一連の運動だと考えていると語った。

「おそらく、北アルプスの東半分はすべて傾動運動に参加しているだろう」

そんなに広い範囲に影響を与えた運動だったのか。では、いったいどのくらい前に起こったのだろうか？

「白沢天狗火山岩という約一六〇万年前のカルデラを埋めた火山岩も、大きく東に傾動しているが、爺ヶ岳と遜色のない角度で七十度は傾いている。白沢天狗火山岩の成立からいって、傾動運動のほとんどが一六〇万年前より後に起こったということがわかる。これだけ大きな傾動運動が発生すれば、当然西側ほど激しい隆起をするために浸食作用が激化して、砂礫が山麓に運ばれるはずだ。東に傾くとは西側がもち上がるということで、隆起が盛んなほうが激しく浸食されるからね。で、そうした堆積物が山岳地域からたくさん供給されていたのは、御嶽古期火山が活動を開始する七十八万年前のころなんだ。ちょうど松本盆地が山地に対して相対的に沈下して、盆地としての形態をなし始めた時代に当たる。すなわち、松本盆地を生んだ構造運動と北アルプスの傾動隆起運動は、リンクしている可能性がきわめて高い。一連の運動が山岳と山麓盆地を誕生させたといえるだろう」

話が大きくなってきた。この運動については、槍・穂高連峰の傾動運動のところでも解説を受けていた。太平洋プレートの沈み込みが東西圧縮の力を生み、マグマの集積によって薄くなった北アルプスの地殻部分に作用して、東から西にずり上がるような傾動隆起を引き起こしたという話だった。

なんともド肝を抜くパワーだ。北アルプスや松本盆地が生まれたプロセスには、こんな傾動という運動も関係していた。この傾動がもたらした地質的影響は計り知れない。

「さあ、さっき話した爺ヶ岳南峰にある、ほとんど垂直に傾動した溶結凝灰岩層と、その西に広がる黒部川花崗岩を見ながら扇沢に下ろう。今日も温泉がボクらを待っている。さあ、出発、出発。先に行っちゃうからね」

槍・穂高に始まり、ここ爺ヶ岳に至った北アルプス地質ツアー。北アルプスの峰々

プレートの圧縮力と山脈の隆起

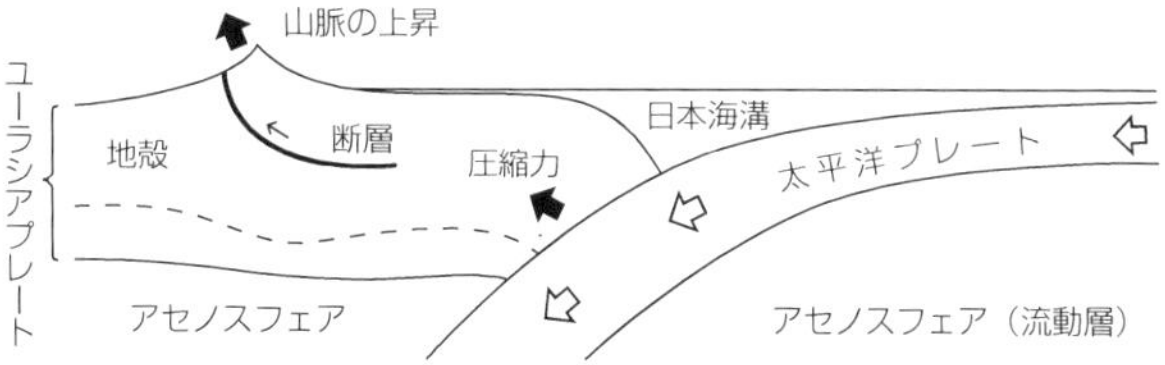

西のユーラシアプレートに向かって、太平洋プレートとフィリッピン海プレートが沈み込むことで、日本列島には強い圧縮力がかかっている。このために列島の地殻の上部15キロには断層が生じ、いっぽうのブロックが他方にのし上がるような隆起運動が生じる

の、まったく別の顔を見た思いがする。それぞれに誕生の謎を秘め、私たちにいろんなドラマを語りかけてきた。それを学ぶことで私の北アルプス観はすっかり変わってしまった。そうか、地質探偵ハラヤマはそうした地質が発するメッセージを受け止め、それをみんなにわかりやすく提供する役割を担っているのだ。地質探偵団の一員になってよかった、そんな思いを胸に、探偵の後ろをトコトコと追いかける私だった。

―第三部―

名山たちの「出生の秘密」

北アルプスの名山はどうやって誕生したか。
ここでは第一部、第二部でふれられることのなかった山々の生成の物語を紹介する。
最新地質学が解明した造山のドラマとは――。

太古の深海で生まれた付加体
——雪倉岳・朝日岳

雪倉岳と朝日岳は、北アルプスの北部に位置するなだらかな山容の二座だ。ともに高山植物が豊富で、アルペン的世界とは無縁な静かな山旅が味わえる。

朝日岳からの日本海の眺望はすばらしい。一方の雪倉岳は北東側に明瞭なカールの痕跡を残し、一帯には氷河期にできた地形が発達することから、高山地形研究のルーツともなった。

両山の山体は蛇紋岩と古生代の地層（付加体）で造られ、稜線はその岩片で覆われ

北アルプス北部に眠るようにたたずむ朝日岳。付加体で造られている

る。

蛇紋岩は二億三〇〇〇万年前という気の遠くなるような年代に、マントル上部のかんらん岩の断片を源として生み出された。海洋プレートが大陸プレートの下に潜り込む際に、大陸の縁にくっつくようにしてできた付加体の内部にもみ込まれ、さらに付加体の岩石と一緒に上昇してきた。

付加体で構成される北アルプスの山は意外に多い。上高地の基盤石である頁岩も付加体で、その頁岩が常念岳の一部から徳本峠にかけての一帯を形成する。白馬岳の稿でもふれているが、白馬三山地域も付加体が山体の主役だった。

さらに北アルプスから他に目を転じれば、

植物の生育にとって障害となる蛇紋岩が露出している、雪倉岳

奥秩父や南アルプスにも付加体の地層は広がり、日本列島の中央部のかなりの部分を占める。付加体は日本列島を造りあげた、重要な構成要素だったのである。大陸（現在の沿海州のあたり）にあった時代から、「日本列島」はプレートどうしがぶつかり合う場所に位置した。そのため付加体が列島の東側に集中する。付加体の存在は、列島の複雑な形成の歴史を垣間見せてくれる。

さて、雪倉岳と朝日岳が盛り上がったのは、二七〇万年前からの北アルプス第一次隆起活動の時代で、他地域では旺盛だった一四〇万年前からの第二次隆起の影響は、比較的少なかったと考えられている。

だが、地質探偵ハラヤマいわく、「岩石の年代があまりに古く、さらに風化や浸食が進んでいて証拠が乏しい。造山のプロセスには不明な点も多い」――とか。

はるか南海の海底で、太古に付加体として生まれた古い岩体が、北アルプスの北端に穏やかな山容でそびえている。それはそれで十分にロマンにあふれる。

豪雪が造った非対称山稜
——白馬三山

東側は鋭く切れ落ち、西にはなだらかな斜面が広がる。白馬三山に顕著な「非対称山稜」は、多量の降雪が造り出したものだ。日本海からの北西の風で雪が風下の東側に雪庇となって大きく張り出し、それが崩れるときに岩層を削り取って非対称山稜は生まれた。

そうはいっても、たかが雪ではないか。崩れる際に、地形を変化させるほどの力をもつものだろうか——。私たちはそんな疑問も感じてしまう。

八方池から望む白馬三山。手前から白馬鑓ヶ岳、杓子岳、白馬岳が連なる

だが、ある地質学者が岩の表面を研磨してひと冬調べた結果、予想を上まわる雪の削る力に驚いたという。白馬大雪渓ほか、年間を通して雪渓が残る豪雪地帯に位置する白馬三山に、雪がもたらした影響力は計り知れない。

かつて氷河地形のあるなしで、地質学会に論争もあったが、現在では六万年前と二万年前の二度に及ぶ氷河によって生まれた、カール地形の存在が確認されている。

白馬岳に登ったら、ぜひ見てほしいものがあると地質探偵ハラヤマはいう。それは村営頂上宿舎の入口対岸にある高さ十数メートルの岩の露頭で、泥岩層のなかにチャートや石灰岩、蛇紋岩などが取りこまれて

村営頂上宿舎の対岸にある付加体の露岩

いて、白馬三山の成因の謎を解く証拠といえるのだそうだ。

チャートは放散虫の殻や砂が深海に堆積してできた岩。石灰岩は浅い海にできたサンゴ礁が変化したものである。蛇紋岩は地球を構成するマントルの破片で、地下深部で誕生した。いうまでもなく三つの岩石は同じ時と場所で形成されたものではない。そんな出自が異なる岩石が、この地層で渾然一体となっているわけを地質探偵は次のように説明する。

「南海で造られたそれぞれの岩石が、海洋プレートに乗って深い海溝の底に集まった。岩の吹き溜まりといったほうがわかりやすいかもしれない。それがマントルを構成する岩石と一緒に大陸の付加体となって地上に現われ、その複雑に混じり合った様子が、ここ村営頂上宿舎の露頭で確認できる」

そんな付加体が二七〇〇万年前、北アルプス地域の地下にマグマが大量に浸入することで隆起（北アルプス第一次隆起）し、プレート間の押し合いによって生じた第二次隆起（一四〇〇万年前から）で標高を高めていった。北アルプスの多くの峰に共通する造山のプロセスを経て、白馬三山も今の姿に至っている。

白馬以北の山は付加体で造られたものが多い。石灰岩の怪峰としてロッククライミングのゲレンデでもある明星山も、海溝の底にあった大きな石灰岩のブロックが付加体となって残ったものだ。

現在のハワイ周辺にあった石灰岩の塊が西に旅を続け、二億五〇〇〇万年後に明星山として屹立している。不思議といえば不思議な話である。

海洋プレートの移動は現在も続いていて、ハワイ諸島は年間数センチのスピードで日本列島に近づいているそうだ。さらに伊豆半島も、かつては八丈島あたりにあったとか。そんな伊豆半島を乗せた海洋プレートの沈み込みによって、南アルプスも盛り上がっていた。一万年後、二万年後の日本列島は、いったいどんな姿になっているのだろう。

白馬岳には火山の痕跡も見られる。大雪渓の上には流紋岩の露頭もあり、マグマが流れた通路が固まったものだが、噴火を起こした形跡はない。

二〇〇〇万年前に地下に貫入してきたマグマは、地表にほとんど噴出することなく、地中で冷えて固結した。白馬三山はそんなマグマ性の岩石によっても造られていて、杓子岳など山体の随所で見かける白い岩は、マグマが固まってできた流紋岩や珪長岩などである。

火山といえば、白馬岳の北東に位置する白馬大池を火口湖とする説も以前にはあったが、探偵の調査で火山の噴出物が堰止めた池だと判明した。その火山活動は七十七万年前に始まり、五十三万年前にも大噴火を起こした。そこでいったん活動を中断したが、十七万年前にまた噴火を再開したそうだ。

その後、白馬大池地区での火山活動は終息に向かい、活動の中心を風吹大池方面に移していった。風吹大池は純然たる火口湖であり、およそ七万年前の噴火口が水をたたえた池になっている。

白馬三山の山体は、深い海溝に集積した付加体が基本をなし、そんな岩体にマグマが入り込むことで複雑な地層を形成している。流麗なフォルムにはふさわしいたとえではないが、いわば白馬三山は「岩石の闇鍋」状態なのだった。杓子岳と白馬鑓ヶ岳をつなぐ稜線に、唐突に石灰岩の岩壁が現われるのもそれゆえだ。地質学的にはそれなりにユニークな山だと探偵は語る。

似ても似つかぬ兄弟山
——不帰ノ嶮・唐松岳

白馬三山近隣の山として、縦走路でつながる不帰ノ嶮（不帰岳）と唐松岳も、逸話の多いコンビである。

不帰ノ嶮は信州側に鋭く岩稜や岩壁を落とす。ピークは四つあり、山というより岩峰群と呼んだほうが似つかわしい。

ここの通過は悪場もあって、なかなか気が抜けない。東面の岩稜や岩壁は岩登りのルートになっているが、今では訪れるクライマーも少なくなった。だが、Ⅱ峰の東壁はスケールが大きく、もっと注目されてし

不帰ノ嶮は有明花崗岩からできているが、屏風岩と同じく新たなマグマの貫入に伴う熱水作用によりマサ化抵抗力が与えられた

かるべきだろう。

すぐ隣の白馬三山は海溝に溜まった付加体でおもに造られているが、不帰ノ嶮は花崗岩で構成され、天狗ノ頭を境にして岩質ががらりと変わる。この花崗岩は六四〇〇万年前に誕生した奥又白―有明花崗岩で、穂高岳の東面から燕岳などを経て、ここまで延びている。

本来、粗粒でマサ化しやすい奥又白―有明花崗岩だが、この地特有の豪雪による雪崩が岩体中の硬い部分を露わにし、結晶が緻密で浸食に強いところだけが残って、険しい地形が形成されたと従来、説明されてきた。

一方、不帰ノ嶮の隣の唐松岳は、一転し

八方尾根を抱く唐松岳は穏やかな山容の山。有明花崗岩からできている

て穏やかな山容だ。山体を構成するのは主として不帰ノ嶮と同じ奥又白―有明花崗岩である。風化によってできた岩片で覆われ、やや丸みを帯びた山容は平凡にさえ思える。山麓にスキー場があるのも、なだらかさゆえだった。

岩質からいって兄弟であるはずの二山だが、このコントラストは異様である。

その理由を地質探偵ハラヤマは、不帰ノ嶮の花崗岩に安山岩質マグマが後から貫入し、熱水の作用によって山体を風化に強い岩石にしたからだと考えている。対する唐松岳にはその貫入がなく、花崗岩特有のマサ化で山体が丸みを帯びた。

この探偵の見方は仮説段階とのことで、今後の研究が待たれる。

カルデラ火山が関与──針ノ木岳

針ノ木岳は信州側に日本三大雪渓のひとつ、針ノ木雪渓を抱える。佐々成政の峠越えで有名だが、諸説あって、本当にこの雪渓を下ったかは判然としない。人気の後立山連峰の南端に当たるが、夏の最盛期でも訪れる登山者は少なく、いわば通好みの山となっている。

山体は安山岩、溶結凝灰岩などで造られ、カルデラ火山であったことを物語る。カルデラを埋積した火山性の岩石が、浸食されて一部が残り針ノ木岳となった。とはいえ針ノ木岳もカルデラ火山であることは、一般には知られていない。

隣にそびえる爺ヶ岳のカルデラと一連であった可能性が高いが、針ノ木岳のカルデラ構造は、残存する地質を調べても明瞭ではない。八十度東に倒れるという大傾動運動が加わったことで、カルデラの痕跡はほぼ消滅した。

カルデラ火山のもとになったマグマは五竜岳、鹿島槍ヶ岳、爺ヶ岳ほか、後立山連峰の火山群に共通するものだ。ある日、そ

蓮華岳から望む針ノ木岳とスバリ岳(右)

のマグマが火砕流や溶岩を噴出すると同時に地表が陥没し、大きなカルデラを造った。そこに溶結凝灰岩や火山岩ほかが溜まり、岩体を形成していく。

そのあたりのメカニズムは槍・穂高岳編で述べたので省略するが、針ノ木岳を生んだカルデラに関しては不明な点が多く、規模や火砕流の噴出量ほか、地質探偵ハラヤマたちの研究が続いている。

ちなみに、針ノ木岳のすぐ北に位置するスバリ岳や赤沢岳は、黒部川側に岩壁をもつことで一部のクライマーには知られる。

これらの岩壁は黒部川花崗岩などで造られるが、これは爺ヶ岳カルデラほか、一連の後立山火山の要因となったマグマが、地下深い場所で固まったものである。それが隆起と浸食の作用で地表に姿をさらしている。

水晶とザクロ石に彩られた山——水晶岳

水晶岳は岩苔小谷を挟んで雲ノ平の対岸に位置し、北アルプスの最深部を形成する。烏帽子岳から槍ヶ岳に至る通称「裏銀座」のコースからもはずれ、そのため訪れる登山者はかぎられる。夏の最盛期でも静寂が支配するが、この山を愛する根強いファンは少なくない。深田久弥も『日本百名山』に水晶岳を加えている。

ふたつのピークで構成され、かつて三角点が設置されていない主峰のほうは、三〇〇〇メートルを超えているのではないかと騒がれたこともある。だが、その主峰も国土地理院の再測量結果が一九九一年に発表され、標高は二九八六メートルと確定された。今でも「水晶岳三〇〇〇メートル説」を耳にすることがあるが、残念ながらというしかない。

黒岳との別名をもつが、登山者の数に比べてこの山が有名なのは、やはり「水晶」というロマンチックな響きをもつ山名ゆえだろう。

名称の由来は山中から水晶の原石が産出したためで、ザクロ石の鉱脈も発見されている。しかし困ったことに、鉱脈には盗掘の跡が散見され、どうかそっとしておいてほしいと願うばかりだ。

山体のほとんどは、劔岳や立山などと同じ一億九〇〇〇万年前に誕生した花崗岩が形づくる。それが北アルプス地域を襲った二七〇万年前からと、一四〇万年前以降の二回の隆起作用で地表に押し上げられた。内部の結晶が粗粒の花崗岩だけに、浸食や風化も進み、大きな岩壁や岩頭を造らない。この水晶岳の北面の稜線が大崩壊し、高天原にその一部がいくつもの丘となって転がっていることは第二部で述べた。

ところで、同じ岩質の花崗岩で造られている山はほかにも数多くあるのに、なぜこの山だけに水晶やザクロ石が眠るのだろう。

それは花崗岩中に、大理石の岩層を抱え込んでいるからだ。大理石は石灰岩が熱変成したもので、古い花崗岩の岩体に取り込まれていた大理石を、六四〇〇万年前にマグマから固結した奥又白—有明花崗岩が、その残熱で焼いた結果、岩の組成が再び変化して水晶やザクロ石が生じた。

ではその石灰岩はどこからきたかという

水晶岳の東斜面にはカール地形が発達している

と、はるか南海にあったサンゴ礁が石灰岩に変質し、海洋プレートに乗ってここまでたどり着いたのである。石灰岩が生成されたのは約二億五〇〇〇万年前。もともとは浅い海にできたサンゴだったものが、さまざまなプロセスを経て、水晶やザクロ石に姿を変えたというわけ。

日本列島が今の場所に定着したのは一五〇〇万年前のことであり、水晶やザクロ石の形成も、すべては列島が大陸の沿海州付近にあった時代に地中で起きたドラマである。

山頂に立つには時間のかかる山だが、裏銀座縦走の際にはこの水晶岳を組み入れてはどうだろうか。北アルプスの奥深さが味わえるはずだ。

火口湖をもつ新しい火山――鷲羽岳

黒部川は祖父岳とこの鷲羽岳を源流とする。ボリューム感あるゆったりした山容は裏銀座コースの重鎮で、深田久弥も『日本百名山』に収録した。

鷲羽岳の南東斜面には鷲羽池火山があり、約十二万年前に溶岩を流出する大きな噴火を起こした。なお南側の中腹にある鷲羽池は噴火口の跡で、おそらく一万年を切るごくごく新しいものである。

　鷲羽岳中腹には火山岩が残存するが、一億九〇〇〇万年前の古い花崗岩が山体の多くを構成する。噴出した溶岩が脆く、ほとんどは浸食で損なわれてしまった。

　北アルプスの核心部を形成する一峰で、落ち着いたたたずまいに魅せられるファンも少なくない。

かつては活発な火山——縦沢岳

　比較的地味な山ではあるが、四十万年前には、遠方に火山灰を降らせるほどの激し

鷲羽池の水面を取り囲む円形の尾根の部分が火口。噴火の時期は1万年前より新しいと推定される

い活火山だった。その火山灰は福島県でも発見され、当時の激しさがしのばれる。とはいえ、今ではその面影はまったくない。ちなみに雲ノ平の形成には、この火山が大きな影響を及ぼした。

山頂には約一五〇メートルの層厚で火砕流堆積物が載るが、火山の残存物はこれを残すのみだ。しかし地質探偵ハラヤマが、一九八七年、四十万年前にマグマの通った五〇〇メートル径の火道を発見。これにより、樅沢岳火山の研究が一気に進んだ。

火山の土台石となる地層は東西に分かれて、東半分は手取層、西半分は一億九〇〇〇万年前の古期花崗岩となっている。

さらに、それらを六四〇〇万年前の奥又

平坦な頂を示す樅沢岳。山頂直下の横に連なる崖が40万年前の火山岩層からなる

白—有明花崗岩が貫くという複雑な構造だ。縦走中の単なる通過点にしか思われない縦沢岳だが、ここには激烈な火山の歴史が静かに眠っている。

秘められた北アの活火山——硫黄岳

その怪異な風貌は、縦沢岳から見ると顕著だ。赤褐色の崩壊壁の上に、そこだけハイマツが繁る山頂部がポツンと載っている。崩壊が激しいために通じる縦走路はなく、積雪期に訪れる一部のベテランをのぞき、一般には硫黄岳はあくまで眺める山となっている。

赤褐色の部分は奥又白—有明花崗岩だが、

硫黄岳の硫黄沢で今なお続く噴気活動

カルデラ直下に底づけされたマグマが冷却して固結したものである。すなわちこの山の起源も、六四〇〇万年前のカルデラ火山の直下に形成された花崗岩マグマまで遡る。

　植生がある山頂部は熱変成を受けた結晶片岩で、槍ヶ岳肩の部分に露出するものと同じである。この岩石はかつてカルデラの底部を構成していたもので、わずかにここ硫黄岳山頂部に残る。地中深くにあったマグマからできた花崗岩まで地表にさらしているわけで、この山が受けた隆起と浸食は想像を絶する。

　また崩壊壁が赤褐色をしているのは、新期火山由来の温泉沈殿物である硫化物が酸化したためだという。

赤岳から硫黄尾根にかけては、ほとんど植生がなく、熱水による作用で岩石が赤褐色や白色に変化している

この山が問題なのは旺盛な噴気活動を続ける活火山だからだ。もちろん、カルデラを造った火山とは別物だが、三俣山荘の関係者の話では、数年間隔で水蒸気爆発を繰り返しているらしく、要注意の山といっていい。

火山を抱く古期花崗岩の山——立山

古くから信仰の対象とされ、今でも夏季には雄山山頂にある雄山神社でお祓いを受けることができる。登山基地の室堂からは登山道も整備され、日本で一番楽に登れる三〇〇〇メートル峰と揶揄されることもある。実際、困ったことにハイキング気分で

浄土山、雄山、別山からなる立山連峰

訪れる観光客も少なくないのだ。

弥陀ヶ原、地獄谷、五色ヶ原など、山腹に火山台地をもつことから、立山自体も火山と誤解されがちだが、一億九〇〇〇万年前の古期花崗岩で山体は造られている。岩質が粗粒の花崗岩のために風化が進行し、雄山、大汝山、富士ノ折立とピークは一応三つあるが、ピーク間に大きなギャップは造っていない。

また、俗にいう「立山カルデラ」も、火山活動によって誕生したものではなく、山体崩壊によって凹地が造られた。

江戸時代の安政五（一八五八）年には、その凹地にあった堰止め湖が決壊し、山麓を大洪水が襲い大惨劇を招いた。それを

立山火山分布域と周囲の地名

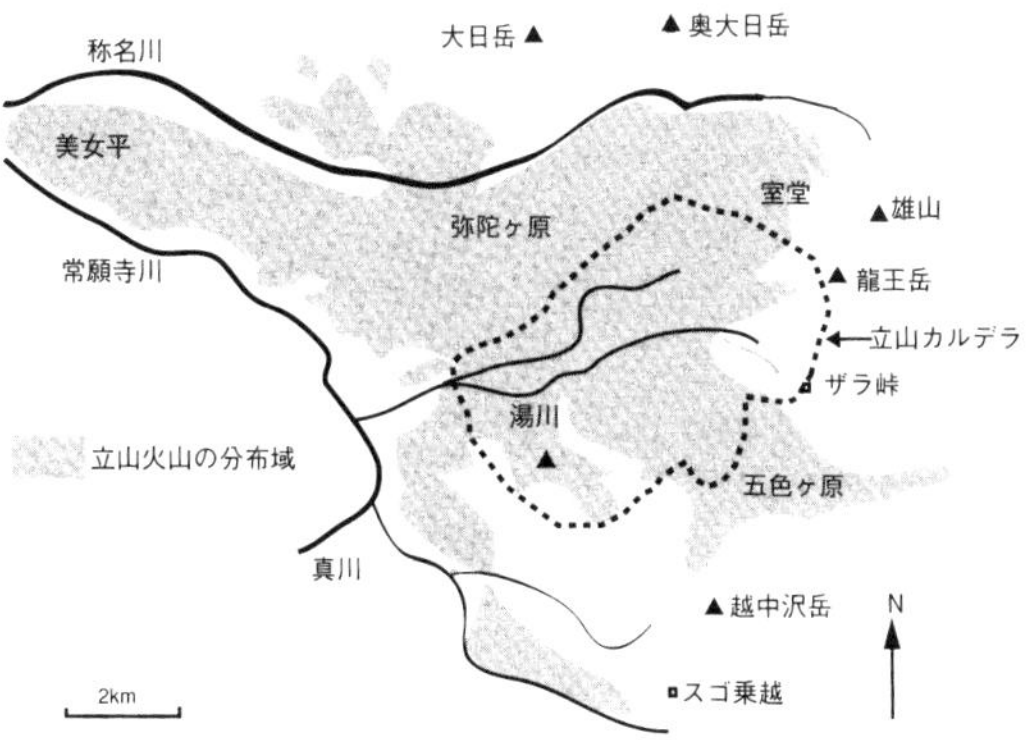

「鳶崩れ」と呼んでいる。

弥陀ヶ原は十三万年前の噴火によって生まれた。膨大な量の火砕流を噴出し、それが堆積物となって台地になった。火砕流堆積物はいったん溶結しているために、極めて硬い（溶結凝灰岩）。そのため称名ノ滝を構成する岩盤は浸食に強く、日本有数の落差（三〇〇メートル）を誇っている。普通の火山岩だったなら、とっくに跡形もなくなっていたはずだ。

立山の南に位置する五色ヶ原も、弥陀ヶ原と同時期に活動した一連の火山だ。浄土山から見ると、五色ヶ原の西の崖に、花崗岩層の上に載る火山岩層が鮮やかに観察できる。弥陀ヶ原、五色ヶ原ともに二万年前

五色ヶ原の断面には花崗岩の上に載る火山岩層が観察できる

の氷河の影響を受け、それにより平らに削られて台地状の地形となった。

さて、室堂ターミナルのあるあたりは地獄谷火山で、活動の歴史は新しく、十二万年前に噴火を始めた。最初は火砕流を噴出する火山だったが、その後、溶岩を流す活動に性格を変えていった。

ミクリヶ池やミドリヶ池などは火口湖だ。地獄谷火口は蒸気や硫化水素を噴出し続け、現在なお活発に活動する。そのため立ち入り禁止の規制が設けられている。

日本で一番美しいカール――黒部五郎岳

東面に馬蹄形の巨大なカールを抱える秀峰だ。北アルプスの氷河期はおよそ六万年前と二万年前の二回だが、黒部五郎のカールは年代が新しい二万年前のものだけに、その痕跡も鮮やかに残ったと思われる。

まるでスプーンですくったような――という教科書どおりの形状で、これぞカールの見本といえる。シンプルにして優雅で、カール壁もきれいに残存する。

いろいろなカールを調査してきた地質探偵ハラヤマも、黒部五郎のものが日本一美しいと太鼓判を押す。

山体は一億九〇〇〇万年前にできた古期花崗岩が占め、これが浸食に弱い粗粒の花崗岩だったため、鋭利なピークは造られなかった。同じ理由で大きな岩壁もない。

頂上部には手取層の地層がうっすらと載っているが、これは一億三〇〇〇万年前に、大陸の湖沼で形成された砂岩層だ。恐竜の化石や足跡が眠る地層として注目を集める(第二部の薬師岳の記述参照)。

たしかに槍・穂高連峰のような、派手な造山のドラマには欠ける。大陸の地中でマグマから固結した巨大な花崗岩の岩体が、列島と一緒に移動してきて、北アルプス地域に起きた隆起活動で高くもち上げられた。

美しいカール地形で有名な黒部五郎岳

その後、浸食や風化を経て現在の姿に落ち着いている。隆起のエネルギーが加わらなければ、この場所は手取層が広がる平坦地だったはずだ。

またカールの刻印がなければ、とらえどころのない案外平凡な山だとの印象も拭えない。しかし北アルプスの中央で、量感たっぷりにそびえるその雄姿には、誰もが心安らぐものを感じるだろう。深田久弥も『日本百名山』に収録している。

おわりに

私が生まれた長野県の諏訪市からは穂高岳が望める。それも前穂高の東壁を正面に向け、北穂高から西穂高に至る山容の上半部が、塩尻峠から連なる稜線の上にそびえ立っているのだから圧巻だ。これほどの雄姿が直接見える都市は諏訪くらいで、諏訪湖に映る山容は凛として美しく、見惚れるほどに神々しい。

穂高を子どものころから仰いで育ち、高校時代からは何度も登ることになった。ほかの山に登っても、まず探したのは穂高の姿だった。まさに我が心の山である。

高校からの友人である原山智は地質学に進み、北アルプスの造山活動を研究していた。そんな彼の業績を一般に伝えるため、穂高を中心に本書を企画したが、原山が語る造山ドラマは予想を超えて壮大で、まったく知らなかった穂高の神秘がそこにはあった。穂高はただ美しいだけではなかったのだ。

話を聞いて、穂高への愛はいっそう高まった。この本を読む読者にも、そんな私の思いを伝えたいと考え、本書を書き進めた。

さて、ここでお断わりをしておこう。難解な地質学の最前線ゆえに、ホームズとワトソン、ないしはボケとツッコミが山旅を繰り広げるという物語風仕立てにしたため、内容にある程度のフィクション性をもち込まざるを得なかった。それを了承していただきたいと思う。

また物語は、一般的な脚力の人が縦走する際のコースタイムに則って進めているが、季節や体力による差もあり、このかぎりでないことをつけ加えておきたい。

この本は、山岳ガイドブックの一種でもある。実際の地質や地形をチェックしながら掲載したルートをたどっていただければ、ふたりにとって望外の幸せだ。きっと新しい山の魅力が発見できるだろう。そんなあなたは、もう北アルプス地質探偵団の一員である。

北アルプス地質探偵団　山本 明

自然大好きな人でも残念ながら岩や地層に興味を抱く人は少ない。ボクが石に興味を抱いたのは、小学校の遠足で行った河原での石の観察会がきっかけだった。

長野県の岡谷市湊、ちょうど中央自動車道の走るあたりに住んでいた私は、八ヶ岳を見ながら育った。足下には諏訪湖が広がり、その向こうに霧ヶ峰、そして蓼科山と八ヶ岳がそびえる。

裏山が遊び場だった少年時代。高いところに登るほど、諏訪湖背後の前山の向こうに、蓼科山や北八ヶ岳の山々が次々と現われてくるのが子どもながらに新鮮な驚きだった。そして、あの山の向こうにはどんな世界が広がっているのか？　ボクにとって山が、新しい世界を垣間見るためにはどうしても登らねばならない存在であり続けるのは、この子ども時代に淵源があるように思う。

少年時代の遊び場に転がる石は安山岩一色。今にして思えば、約一三〇万年前、諏訪湖一帯に大量に噴出した安山岩溶岩の分布域の真っ只中であった。それなのに、小学校の遠足で訪れた岡谷市の横河川、諏訪湖北側の鉢伏山から流下する川の河原には日ごろ見たこともない多種多様な岩石が転がっていた。

とりわけ目を惹いたのは白黒の縞模様がうねる結晶片岩と呼ばれる変成岩だった。もちろん当時は石の名前やでき方については皆目わからなかったが、世の中すべて一種類の石（安山岩）で覆われていると思っていたのが、そうではない、実に多様なのだという驚きを覚えたとき、すでにボクは石の世界への入口に立っていたのである。おそらく変わった石オタクの子どもだったのだろう。皆がアサガオの観察や昆虫採集に精を出した夏休み、石を集めてラベルを書いていたのだから。

たしかに石はとっつきが悪い。ぶっきらぼうで、無口で、いわば職人気質のオヤジさんみたいな存在だ。それに比べて花や蝶は美しいし、いろんなことを動きや目に見える変化を通して語りかけてくる。それに、なんといったって夏休みの宿題の主役だ。それでも、石とつきあっていると、彼らなりの言葉でゆっくりと訥々としゃべるつぶやきが聞こえてくる。

植物や動物の生活リズムよりはるかに長い時を経て、今ここにいる石の語りを聞くのには、ちょっとした訓練と辛抱強さが必要だけど、そのひと言ひと言には圧倒される重みがある。日常生活にはほど遠いゆったりした地球のリズムが、そして一回の人生ではとても経験できそうにない大事件が、ひとかけらの石に凝縮されているからだ。楽しそうにおしゃべりを続ける女学生をニコニコとかたわらで見ているのも本当に楽しいけど、ボクは渋い「職人気質のオヤジさん」がポツリと語る言葉にシビレル。

そんなわけで、石や地層に秘められた謎とその謎解きの喜びを、なんとか多くの方々と共有したいという気持ちがずうっと続いていた。しかし石が相手だけに、語り部というか、今はやりのインタープリターというべきか、そうした存在がどうしても必要である。その役になりきるのは容易ではなかった。

業界用語で固められた専門分野の論文執筆も決して楽というわけではないが、本書のような一般的な読み物をつくりあげる作業は、私にとってやさしく語ることの難しさと重要性を痛感する貴重な体験となった。

親友のライター山本、高校時代に本格的登山を手ほどきしてくれた悪友が、「おもしろい。その話、本にしたら」といってくれたのが、この本をつくるきっかけであった。それこそ石に対するように、辛抱強く話を聞き、あらかたの原稿を起こし、ときに叱咤してくれた親友山本と出版社の皆さんがいなければ、ここまでこられなかったというのが正直な気持ちである。

それだけに多くの読者の皆様に、石と地層に秘められた魅力が伝わるよう祈るような気持ちで、本書を世に送り出したいと思う。

最後に、中学、高校、大学のそれぞれの時代の素晴らしい恩師、平林照雄先生、故牛山正雄先生、故牛来正夫先生に感謝の思いを込めて本書を捧げさせていただきます。

北アルプス地質探偵　ハラヤマこと原山 智

文庫本あとがき

『超火山［槍・穂高］』として、槍・穂高連峰をはじめとする北アルプスの成り立ちをとりまとめたのは二〇〇三年だから、もう十年以上が経過したことになる。この間に北アルプスの研究に大きな成果として加わったのは、上高地の地形の発達史――梓川の流路変更と巨大堰止め湖〝古上高地湖〟の発見である。

二〇〇八年から二〇〇九年にかけて掘削した三〇〇メートル学術ボーリングは、従来憶測の域を出なかった上高地の平坦地形――焼岳火山堰止め説をみごとに立証したのだった。

文庫本として改訂再版準備を進めながら痛感したのは、二〇〇三年出版の際には当時の最新成果をよくここまで書いたなということだった。ただし当時の思い込みによるまちがいや混乱した部分も散見され、こうした部分は今回の改訂で大幅に書き直しを行なった。しかし、北アルプスの成り立ちについては大筋で変わっていないし、内容も決して色あせてはいない。

また改訂にあたって心がけたのは、山好きの人によりわかりやすく――という方針であったが、最新の成果をわかりやすくという作業はまたしても容易ではなかった。多くの方に北アルプスを造ってきた壮大な時空間スケールの自然現象を知っていただきたいと、祈るような気持ちで本書を送り出した。

ゆっくりと進行し、恵みを与えると同時に、ときには災害ともなる長周期の自然現象は、確実に我々の生活を支える基盤を形成している。二〇一一年の東日本大震災を契機に、そうした長周期現象を想定外とすると大変な目に遭うことを我々は学んだ。しかしこの経験も確実に風化していくだろう。人間は忘れる動物である。

私自身もあと何年、現役で北ルプスを踏査できるだろうか。そこにあるのが当たり前に思える存在＝山にも、それぞれの歴史があって我々を遠巻きに支えているということを、地質探偵の使命として語り続けたいと思う。

原山　智

参考文献

原山 智（一九九〇）『上高地地域の地質』地域地質研究報告（5万分の1地質図幅）、地質調査所、175ページ

原山 智・竹内 誠・中野 俊・佐藤岱生・滝沢文教（一九九一）『槍ヶ岳地域の地質』地域地質研究報告（5万分の1地質図幅）、地質調査所、190ページ

原山 智・高橋 浩・中野 俊・苅谷愛彦（二〇〇〇）『立山地域の地質』地域地質研究報告（5万分の1地質図幅）、地質調査所、218ページ

原山 智ほか（二〇一〇）黒部川沿いの高温泉と第四紀黒部川花崗岩、地質学雑誌116補遺、63—81ページ

吉川周作・里口保文・長橋良隆（一九九六）第三紀・第四紀境界層準の広域火山灰層—福田・辻又川・KD38火山灰層—、地質学雑誌、102巻、258—270ページ

平 朝彦（一九九〇）日本列島の誕生、岩波新書148、226ページ

Ito, H.et al. (2013) Earth's youngest exposed granite and its tectonic implications: the 10-0.8 Ma Kurobegawa Granite. Scientific Reports, 3, doi: 10.1038/srep01306.

中野 俊（一九八九）北アルプス、鷲羽・雲ノ平火山の地質、火山第2集、34巻、197—212ページ

Matsubara,M.,Hirata,N.,Sakai,S.and Kawasaki,I.(2000) A low velocity zone beneath the Hida Mountains derived from dense array observation and tomographic method. Earth Planets Space,vol.52,p.143-154.

＊本書は二〇〇三年六月、山と溪谷社より刊行された『超火山［槍・穂高］』を底本と致しました。

「槍・穂高」名峰誕生のミステリー　――地質探偵ハラヤマ出動

二〇一四年三月十日　初版第一刷発行
二〇二四年十二月十日　初版第六刷発行

著　者　原山 智、山本 明
発行人　川崎深雪
発行所　株式会社　山と溪谷社
郵便番号　一〇一－〇〇五一
東京都千代田区神田神保町一丁目一〇五番地
https://www.yamakei.co.jp/

■乱丁・落丁、及び内容に関するお問合せ先
山と溪谷社自動応答サービス　電話〇三－六七四四－一九〇〇
受付時間／十一時～十六時（土日、祝日を除く）
メールもご利用ください。
【乱丁・落丁】service@yamakei.co.jp　【内容】info@yamakei.co.jp
■書店・取次様からのご注文先
山と溪谷社受注センター　電話〇四八－四五八－三四五五
ファクス〇四八－四二一－〇五一三
■書店・取次様からのご注文以外のお問合せ先　eigyo@yamakei.co.jp

デザイン　岡本一宣デザイン事務所
印刷・製本　大日本印刷株式会社
定価はカバーに表示してあります

Printed in Japan ISBN978-4-635-04772-2

ヤマケイ文庫の山の本